いのち育む 里山は萌え

産廃処分場建設反対運動の記録

吉川一男

八朔社

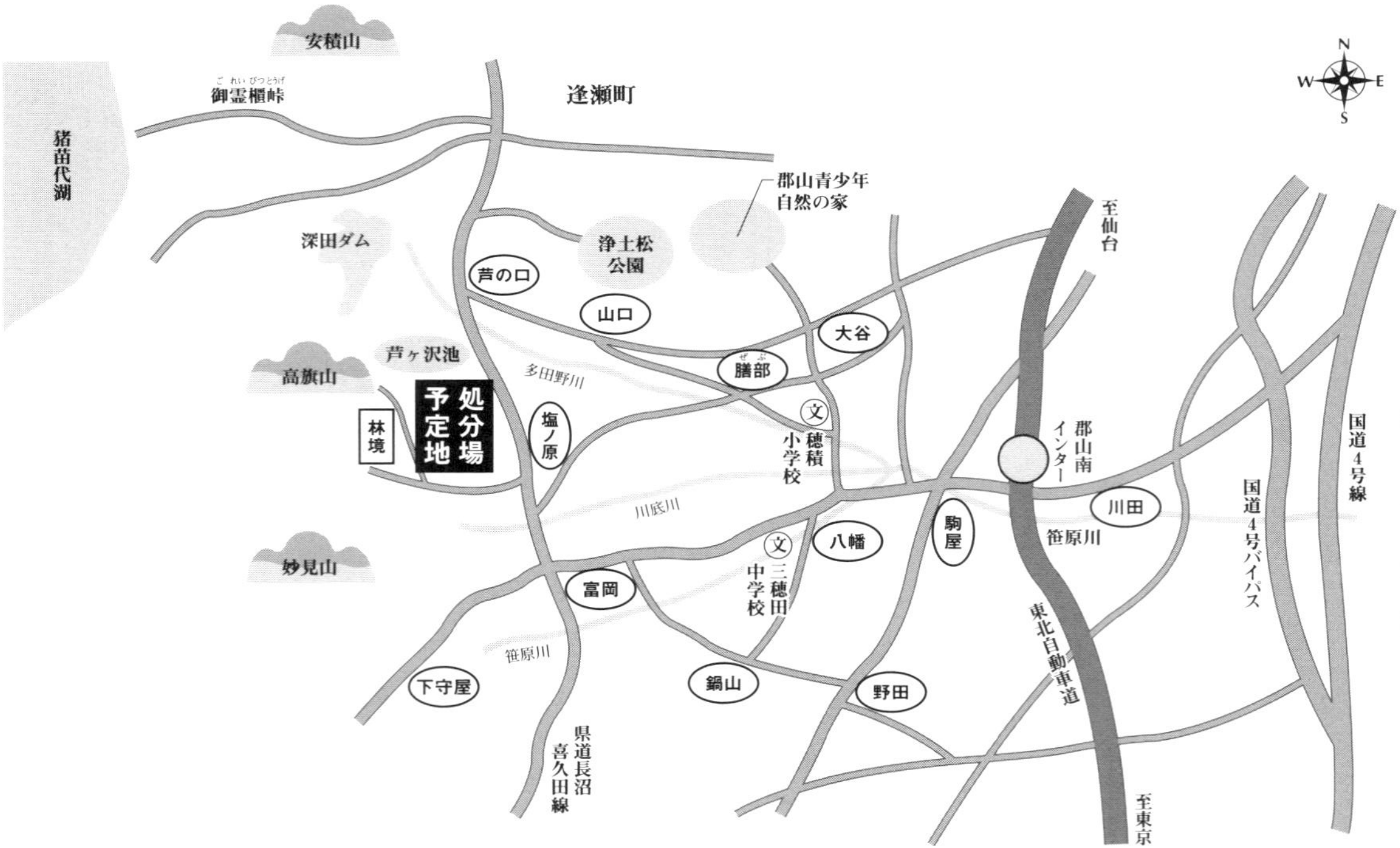

郡山市街地

作図：東洋広告（株）

故郷の自然を守り抜く——推薦にかえて

この国のゴミ行政の基本は依然として「人目につかない田舎に埋める」点にある。この国策と莫大な資本を背景にゴミ業者の処分場建設への執念は並々ならぬものがある。維新戦争の敗北により「白河以北・一山百文」と評価された東北の山野はゴミ業者にとって魅惑に富んだ地である。とくに、東北、常磐の二つの高速道路により関東に直結する福島県は「口と腰の重い」県民性と相俟って「おいしい土地柄」となっている。

しかし、「田舎に埋める」ことの破綻は明らかである。「ゴミは人体に有害な物質を含むからゴムシートで包み込む」→「シートで包まれた有害物が無害化する事は半永久的にない」→「ゴムシートの寿命は十五年位」。この理屈は誰の目にも無理筋である。

しかし、一山百文の福島県に於いて、一旦、ゴミ業者に目を付けられた山野が住民の反対運動により、守られた例は残念ながら決して多くない。

特に、問題視される事もなく、故郷の自然がゴミ業者の札束によって処分場に変えられてしまった例が大半である。

札束ではなく子孫の生活、故郷の自然に目線を向けて「処分場反対」の声をあげる事自体、容易な事ではない。

ましてや、永年に亘り、住民が団結を維持し、強大な国策とゴミ業者に抗して、勝利した事は、稀有の例といえる。

本書は「田舎」のごく普通の住民が悩み、怖れ、迷い、考え抜き、そして人を信じ、裏切られ、やがて人間としての信頼を回復し、大きな勝利を掴み取る、人間群像を描いている。

環境問題、住民運動に関心のある方に必携の書といえる。

ゴミ弁連（たたかう住民とともにゴミ問題の解決をめざす弁護士連絡会）副会長
日本環境法律家連盟理事
弁護士　広田次男

はしがき

雪解け水も温み、草木が芽吹く春、この里山は深い眠りから覚め、さまざまな生き物たちが這い出してくる。ノスリやオオタカなど数々の鳥たちが空を飛び交い巣づくりを始め、トウホクサンショウウオやモリアオガエルの産卵がはじまる。小川のせせらぎが清々しさを増す初夏を迎える頃、一帯は源氏ボタルが乱舞する夜景に彩られる。

澄み切った空気と豊かな緑に包まれたこの人里に、とてつもない大きな事件が起ころうとしていた。産業廃棄物最終処分場の建設である。

稲作中心の純農村地域で額に汗して、水を守り、土地を育て、米づくりに精を出してきた朴訥とした男たち、そして、この男たちを支え、理不尽なものと気丈にたち向かう女たち。この記録はこの人たちのたたかいの足あとを綴ったものである。

産廃問題の知識などは皆無であり、住民運動の経験などもない全く丸腰の状態からの運動の始まりであった。

「産廃処分場ってどんなものなんだろう、まず処分場を見てみよう……」

宮城県村田町竹ノ内処分場の生々しい現地を直接自分たちの目で見、有毒ガスを吸い、現地の人たちの話を聞いて唖然とした。大きな不安を抱きながらの帰りのバスは重苦しい空気に包まれた。この現地視察が「これは大変、なんとかしなければ……」と参加者の意識を変えていった。運動の始まりである。

願いや要求が人びとを立ち上がらせ、運動になっていく、そしてその運動が組織を求める――といわれるが、いま振り返れば、この産廃処分場阻止運動は、こうした原則に導かれていったように思える。

「ゴミ弁連」や「福島県自然保護協会」、地質学者など専門家集団に支えられ、「活動家が一人で二〇歩、三〇歩進むのではなく、二〇人、三〇人で一歩づつ出よう」との合言葉で多くの住民に運動への参加をよびかけ、「みんなで話し合い、みんなで決めて、みんなで動く」約束を最後まで貫き、五〇〇〇人規模の集会を年三回も成功させた。

「予定地に産業廃棄物最終処分場を将来にわたり建設しない」――二〇〇六年(平成十八年)十二月十九日、業者側が裁判所の勧告を無条件で受け入れ、住民側全面勝利の和解が成立した。

「孫子たちにじいちゃんやばあちゃんたちは、なにやってたんだと言われないように、どんなことがあってもつくらせるわけにはいかない。いま俺たちが頑張らなければ……」と何よりも優先して取り組んだ男と女たちのたたかいは見事だった。

この記録は、全面勝利にたどりつくまでのたたかいの足あとを、持ち合わせの資料と記録、共にたたかった仲間や関係者への取材をもとに、数々の人間模様も交えて筆者の目から見たことを書き綴ったものである。

運動全体から見れば欠落している部分も多々ある筈である。しかし、住民運動などに全く経験のない農民たちが数々の難題を乗り越え、法律と行政を後ろ盾にした産廃プロ集団と真っ向から対峙し勝利した運動の大筋と主なポイントは押さえたつもりである。ご一読をいただきご理解いただければ幸いである。

なお、文中に登場する人物は仮名であるが、弁護団、環境保護団体などの専門家、市当局幹部、裁判官、筆者とその妻は実名とした。

吉川一男

目　次

第一章

自然破壊と健康被害が迫る

――うごめく産廃処分場計画

1 里山が危ない

ここは緑と清流の宝庫

この地域を揺り動かす大きな出来事が水面下でうごめいていることを知ったのは、楠本久美と井吹雪恵が「区長が産廃処分場建設に同意している。辞めさせたいので吉川さん、知恵を貸して下さい」と突然我が家を訪ねて来たからだった。

二人の話から建設予定場所は、塩ノ原林境地内の里山で、すでに業者による測量やボーリング調査は終わっているとのことである。

産廃処分場が有害物質の流出や大気汚染によって深刻な健康被害や環境破壊をもたらしている例が全国に数多くあることは知っていたが、具体的な実態や産廃問題については全くといっていいほど無知であった。しかし、〈このまま手をこまねいていれば大変なことになる。問題は区長解任などの次元の話ではない〉と直感した。

この郡山市三穂田町塩ノ原地区は、郡山市中心部から十五キロメートルほど西に入った標高九六八・一メートルの高旗山の山麓で、約六〇世帯の農村集落である。高旗山と谷を隔てた南には県が緑地環境保全地域に指定している妙見山、北西には安積山があり、高旗山と安積山に挟まれるように御霊櫃峠が走っている。その頂上を越えると広大な猪苗代湖が眼下に広がる。御霊櫃峠は、山本薩夫監督の映画「あゝ野麦峠」で女工たちが猛吹雪の中を山越えするシーンのロケが行われたところでもある。高旗山と周囲の山々の大小さまざまな谷や沢から下る清流は、多田野川、川底川、笹原川に注ぎ、肥沃な安積平野を潤している。この三つの川は、三穂田町下流域で笹原川に合流し阿武隈川に流れ込んでいる。

安積平野を中心とする郡山市の産米量は全国の市のなかでトップを占めており、ここで採れる米は一等米の認定を受けた一級ブランド米「あさか米」の名で全国に知られてきている。安積平野は、宮本百合子の処女作『貧しき人々の群れ』の舞台になったところである。

処分場予定地に隣接する北側には深田ダムがある。このダムの水は、安積平野一帯の水田灌漑用水として放流されているが、一部は郡山市水道局豊田町浄水場に注ぎ込み市民の飲料水としても利用されている。

この深田ダムの東側の県道を挟んだ向かい側には浄土松公園がある。浄土松公園は、「きのこ岩」と言われる奇岩が立ち並び、陸の松島とも呼ばれ、県が自然環境保全地域に指定している。また、浄土松公園の近隣地には、「郡山青少年自然の家」があり、付近一帯は子供たちの野外研修場所となっており、健全な青少年育成のための教育施設として利用されている。

里山に抱かれたのどかな人里・塩ノ原地区

郡山市は養鯉業も盛んなところで、安積平野には多くの養鯉池があって「郡山の鯉」としてその名が広く知られている。これら養鯉池は、高旗山などからの清流の恵みなくしては存在できない。

処分場予定地は、県が緑と自然を保護し、市が市民の飲料水の水源地としている地域のど真ん中に位置している。まさに、この地域一帯は、郡山市の基本理念である「水と緑がきらめく未来都市」を象徴する豊かな自然の宝庫であり、市民の健やかなくらしを支える源である。

「北山区長を辞めさせなければとりかえしのつかないことになります……」

久美と雪恵の焦りにも似た口調は、切羽詰まったものだった。しかし、聞けば聞くほど〈果たしてこれでいいのか〉と一抹の不安を感じざるを得なかった。よその区長の解任の相談に乗ることなど出来る訳もないし、現地がどんな状況か皆目見当がつかないなかで、軽々にアドバイスなど出来る筈もない。さらに話を聞いているうちに次第に判ってきたことは、処分場建設に強い危機感を持っているのは建設予定地に隣接する林境の住民で、下流域平野部の中心集落住民の間では、それ程の緊迫感がないということである。

林境は、十数年前に造成分譲された世帯数二〇戸程の新興団地で、その殆んどの住民は市中心部などから移住してきた人たちである。北山区長は、やはりよそからの移住者で、塩ノ原の中心集落内に居をかまえている。彼は豊富な経験と幅広い見識の持ち主であるため、地元住民から推されて区長を務めている。塩ノ原地区は、かつて区長のなり手がなく、区長不在の年もあった。

塩ノ原区民全体に処分場に対する危機感と切迫感が広がっているならば、北山区長の曖昧な態度が問題になるかもしれないが、現状では「北山区長を辞めさせたら次に誰がやるのだ」となって、林境住民が孤立することは目に見えていた。

「いまいちばん大切なことが果たして北山区長を辞めさせることなのかなぁー」

吉川のこの一言に久美と雪恵は一瞬、戸惑いの表情を見せながらも、すかさず、

「北山区長が反対しなければ地元は同意していることになり、業者にドンドン手続きを進めさせることになりかねないのです」

と区長解任の必要性を強調した。

「区長を辞めさせるかどうかより、いま何よりも大切なのは、塩ノ原の多くの人たちに処分場は危険だということを知らせ、みんなが反対に立ち上がる状況をつくれるかどうかではないのかな。そのためにいま何をするかを考えなければ、と思うよ。区長問題はその中で自ずと解決するんではないかなぁー……」

二人は言われることに頷きながらも、どうしたらいいのか迷っていた。

「宮城県村田町の竹ノ内処分場は有害物質が出て、いま大変な状況になっているようだよ。岡久さんという人が事務局長で住民運動がやられているので、そこを見て話を聞いてきたらどうかな。岡さんは俺の知り合いなので連絡しておくよ」

久美と雪恵はその数日後、村田に向かった。二〇〇四年（平成十六年）二月のことである。

「区長！　なぜ一緒に反対しないのか」

三月十四日、塩ノ原集会場は重苦しい空気に包まれていた。約四〇人の区民が集まり臨時総会が開かれようとしていた。

久美たちはテレビとビデオデッキをセットし開会を待っていた。竹ノ内処分場の惨状を見てもらうため、撮影してきたビデオテープを放映するためである。

放映が始まった。テレビに映りだされる映像は想像を絶するもので、参加者の目は画面にクギヅケとなった。

「周辺の木々は、硫化水素ガスで枯れ、卵の腐ったような強烈な臭いがしています。硫化水素ガスは空気よりも重く、周辺住民が寝ている夜に、地を這うように風で流れ、知らず知らずのうちにガスを吸い込んでしまいます。濃度七〇〇ｐｐｍが人間の致死量なそうですが、竹ノ内では、一時、二八、〇〇〇ｐｐｍ発生したそうです」

久美の説明が健康被害に及ぶと会場全体に緊張が走った。

「この四年の間に、因果関係はまだ立証出来ないそうですが、処分場のまわりのあちこちで呼吸器系の病気やアレルギー反応、がん、中枢神経麻痺などで病院に通う人たちが多発し、亡くなるお年寄りが増えているそうです」

放映が終わると会場からは、大きなため息と驚きの声があがった。

久美は続けた。

「『竹ノ内産廃からいのちと環境を守る会』の岡事務局長から、産廃処分場の恐ろしさをお聞きしてきました。このままにしておけば、このひどい状況は一〇〇年から一五〇年は続くと言われているそうです。岡さんはお別れする時、次のように言っていました。『私たちは埋め立てが始まってから立ち上がりました。出来てしまってからでは遅いのです。三穂田は、今なら間にあいます。負の遺産を子や孫、ひ孫の代まで残さないように頑張ってください。私たちは、この地に蛍が戻るまで頑張ります』と」

「これはひどい、つくられたら大変だ」

「ここはいまどうなってんだ、このままにしてたら、つくられっちまうんでねいのか」

「もたもたしていられねなぁー」

会場のあちこちで不安とあせりの声が上がった。隣に座っていた雪恵が苦しそうに咳き込んでいる。

「私は、ノドが弱いので時々咳をするようになるんですが、こんなにいつまでもひどいのは初めてです。竹ノ内であの臭いを嗅いでから変なんです」

「ずいぶんひどいようだが、だいじょうぶかい」

参加者から心配する声が上がるほどだった。

ざわめきの中で総会が始まった。

「区長！　区長会でこの産廃問題、きちんと報告してくれたんですか」

「区長はなぜわれわれが頼んだことに協力してくれないんですか」

「区長はなぜ一緒になって反対しないんですか」

参加者から矢継ぎ早に北山区長の見解を求める質問が相次いだ。北山は、せめ立てられるような質問攻めに答えた。

「私は区長であり、行政的な立場にもあります。区長として微妙な立場なんです。公然と反対の態度をとって、みなさんと一緒に行動することはなかなか難しいんです……」

「区長がはっきりと反対の態度をとらなければ、賛成しているととられてしまうじゃないですか」

区長の答弁には誰も納得出来なかった。

質問は続いた。そして参加者からの発言は、区長の姿勢を追及する様相へと変わっていった。

「話は全部聞きました。でも、わたしがやっていることは、みなさんから非難されるようなことではありません」

耐えかねた北山は開き直るように言った。話はそこで一瞬、途切れた。

「そんな態度なら区の代表としてこのまま区長を続けてもらう訳にはいきません。議長、区長の解任についてみんなに諮って下さい」

矢崎英次が具体的に区長解任を提案した。矢崎は林境の住民で、自動車産業関連会社在職中は管理職の立場にあった人物である。議長は雪恵の父隆がつとめていた。

「いま、矢崎さんから区長解任の提案がありましたが如何いたしましょうか……」

議長の発言が終わるや否や、

「異議なし！」「異議なし！」の声が会場全体の空気になり、北山区長解任となった。新区長はどうするのか、議題は新任区長の選任に移った。多くの参加者たちは一瞬、顔を見合わせた。

「孝助さんにやってもらったらどうでしょう……」

山田正治が口火をきった。

「孝助君は副区長だし、お願いすっぺ」

「孝助君頼む！」

次から次と孝助を推す発言が続いた。工藤孝助はまだ若手ではあるが、

「みんながそんなに言うんだったら」

と区長を引き受けた。山田はその後、八十歳という高齢をおして処分場建設差し止め訴訟の原告団長になった。


「センター長！　何言ってんですか」


塩ノ原でのこうした動きとは別に、一月頃から三穂田町区長会でも産廃問題が話題になっていた。

三穂田町は世帯数一、二〇七戸、人口四、七七五人で、塩ノ原を含め十二の区で構成されている。一月二十三日の区長会には、区長、副区長ら二〇数名が集まり、いつもの通りスムーズに協議がすすめられていった。

終了間際、北山区長から産廃処分場についての報告が出された。報告は、建設が計画されていることを中心とするもので、簡単な内容だったため、何人かの区長から質問や意見が出され議論になろうとしていた。

「まだ、業者からの申請が正式に受理されてもいないし、いま区長会としてどうこうしようとするのは、如何なものかと思いますが……」

会議に同席していた行政センター長がきりだした。

「センター長！　何言ってんですか。区長会が動かないようにとなどとはとんでもない。これは三穂田にとって大変な問題なんですよ……」

普段あまり発言しない大沢義行がすかさずセンター長の発言をさえぎった。大沢は、行政センターのある八幡地区の副区長で、市から環境浄化委員に任命されている。

「北山さん、あんた、はっきりした態度とらないと駄目なんでないのかい……」

曖昧な態度をとる北山区長に決断を促す発言も出された。この区長会が、その後何人かの区長たちが反対運動に立ち上がるきっかけとなった。処分場予定地の地元四区である塩ノ原、芦ノ口、山口、膳部の区民の動向がその後の運動のカギになることは誰の目にもはっきりしていた。


「常勝君、あんたあたりが中心になって、地元をまとめなければならないのではないかい。このままでは、指をくわえてつくられるのを待っているようなものだと思うよ」

吉川は、後輩でもあり、長年つきあいのある稲葉常勝に中心的役割を果たすよう働きかけた。稲葉は山口区の区長であり、三穂田農協理事の経歴の持ち主で、郡山市農業委員会の農業振興部会長を務めている。

「俺も心配しているし、何とかしなければと思ってるんだけど、何から始めたらいいか、いろいろ相談に乗って貰えないかい」

現地の塩ノ原から一歩外に動きが広がり始めた瞬間である。

早速、稲葉は四区の区長との相談に入った。常に緊密なつながりを持っている四人だけに話は早かった。チラシ第一号『塩ノ原地内山林に――産業廃棄物処分場が！　豊かな緑と清流・肥沃な土地を守りましょう』が発行され、四区全世帯への配布と市長宛の署名が取り組まれた。

吉川は、これらのチラシや署名用紙の作成を依頼され引き受けたものの、作成にはかなり慎重な編集が必要であることを痛感しながら作業に当たった。不用意な表現などを捉えて業者側が住民団体などを相手に信用失墜や名誉毀損を理由に損害賠償の裁判を起こしているいくつかの例を知っていたからである。

環境は命と健康の源

これらの動きと相前後して三月二十八日、三穂田町地域交流センターで郡山医療生活協同組合三穂田支部の定期総会が開かれた。総会には久美と雪恵も参加し、竹ノ内処分場のビデオを放映し、その惨状を訴えた。

総会では飯沢晴司支部長が産廃問題について説明し「いのちと健康を守る運動を使命にしている医療生協として、健康の源でもある環境を守ることは基本的な任務です。三穂田支部として産廃処分場の建設に反対する運動に積極的に参加していきたいと思いますので、みなさんの賛同をお願いします」と提案し、特別決議として確認された。

この日、塩ノ原では、多くの区民が参加して、産廃処分場建設反対を訴える思いおもいの手書き看板作りと設置の作業が行われていた。

「まず看板を要所要所に立てて、固い地元の反対意思を目に見えるようにすることが大切だ。看板は、看板屋に頼んで立派なものを作るのではなく、下手でもいいから自分たちの手書きの方が臨場感があるしインパクトもあるので、手作りがいいんじゃないか」

前に雪恵や久美たちと話し合っていたことが、地元塩ノ原から始まろうとしていた。医療生協総会に参加した役員たち数人は、総会終了後、塩ノ原集会場前の作業現場を訪れ、お互いに激励し合い今後の健闘を誓い合った。

2　区長会が動き出したが

「大沢君！　頼む」

反対運動の動きは、四区での署名の取り組みを機に徐々に広がりをみせ、三穂田町レベルの運動母体結成の機運が高まり、区長会でその段取りが話し合われていった。

「会の代表は三河さんがいいんでないか」

「いや、俺は区長会長の公職の立場なのでまずいなぁ、地元四区の区長から出したらどうだろう」

区長会長の三河得実は固辞した。

話し合いは二転三転したが、協議の結果、参加者の総意で八幡区の副区長で環境浄化委員である大沢義行に依頼することになった。

大沢は、農業を営むかたわら定年まで日本道路公団の関連会社に勤め、高速道路の維持管理の作業に従事していた。低賃金と劣悪な労働条件を改善するため労働組合結成の中心的役割を果たし、初代委員長を務めた人物である。

大沢は一旦は固辞したものの、参加者からの強い要請を受け、もちまえの正義感から「会」の代表を引き受けることを承諾した。すでに吉川といっしょに久美や雪恵などから相談を受けていたこともあって、反対運動の必要性は痛感していたし、環境問題にはことのほか強い関心を持っていただけに「なんとしても阻止しなければ……」と決意を固めていった。労働運動にはいささか経験はあるものの、住民運動は初めてであり、代表は引き受けたものの手探り状態からのスタートだった。

翌日、我が家を訪ねてきた大沢は珍しく多弁だった。大沢は労働組合運動の経験から、「会」結成に向けた一歩を踏み出そうとしていた。

「呼びかけ人を組織し、呼びかけ人の名で三穂田全世帯に『会』結成への参加を訴えるにしても、誰に呼びかけ人になってもらうかだなぁー」

「役員体制、活動方針、財政方針、事務局体制など準備作業はやまほどあるし、いまの区長会の体制では難しいと思う。吉川さんも手伝って欲しいんだがお願い出来るかい」

「兵糧攻めになって、運動がたちいかなくなるようなことには絶対ならないよう、しっかり財政を確立しなければならない。運動を強め広めることと、カネをつくることは車の両輪だと思う。カネがなくてバンザイするわけにはいかないしなぁ」

大沢とはこれまで長い付き合いをしてきた吉川だが、もの静かな彼がこれほどまで迫力のある語り口で話すのを聞いたのは初めてだった。

一方、地元四区で集められた市長宛の処分場建設反対の要請署名は、稲葉らが市に出向き、応対に出た廃棄物対策課の山崎喜造課長らに提出された。

この要請行動には、市議会議長の橋本幸一も同席していた。

吉川は稲葉に対し、組織の立ち上げ段階から議会全会派、全議員に理解と協力を求めること、住民団体の結成に当たっては全ての団体や各界各層の幅広い人たちに呼びかけて全町民が結集できる方向をめざすことなどについて提言し、お互いに確認し合っていた。

しかし、具体的な動きはそれとは反対の方へ進んでいった。稲葉は橋本議長とは同じ高校での同級生で、周りの人たちが口をそろえて「幸一議員と常勝君は今でもポン友のようだよ」というほど、二人の親交は深い。

何があったのか定かではないが、何かと相談をかけてきていた稲葉からは、このときを境に一切相談も無く連絡もこなくなった。

こうしたなかで、「会」結成に向けての準備が進められていった。雪恵は実務担当の準備委員として黙々と結成総会の資料作成などで忙しく動いていた。準備段階の打ち合わせも行われ、大沢が、「これまでの経過から吉川さんにも入ってもらおう」と発言したが、誰一人同意するものがなかった。大沢はこの異様な空気に、ただならぬ事態が進んでいることを感じた。

「何故だ、何かがあるな」と、とっさに思い浮かんだのが、以前、久美や雪恵たちといっしょに相談をしていたとき、吉川が言った一言だった。

「まともな運動が始まろうとするとき、必ず出てくるのは、『アカ攻撃』だ。共産党員や革新的な人たちと一般住民を分断し、運動を弱体化させることを狙ったもので、その策動には絶対乗らないことが大切だ」

四月十六日、「三穂田　水と環境を守る会」設立総決起大会のお知らせの至急文書が配られた。文書を見て大沢は、一瞬自分の目を疑った。文書は「会」の代表として六人の名前で呼びかけている。三穂田区長会会長と副会長、それに地元四区の区長の計六人である。

不可解とは思いながらも、総会も開いていないのだから代表が決まる訳はないし、便宜的に作ったのだろうと考え、総会での会長あいさつの原稿づくりにとりかかった。

明日はいよいよ結成総会。夕食を済ませ、気恥ずかしさからグイっと一杯やって、妻道子の前で原稿を読み始めた。酒の勢いも手伝ってなかなか流ちょうな語り口である。

「どうだい」

大沢の問い掛けに道子は、

「とてもいいんじゃないの」と答え、環境とくらしを守る固い決意に満ちたすばらしい内容に感動していた。

「これは何だ！　会長やれと言っておきながら」

四月二〇日、三穂田公民館には多く住民が集まり、設立総会が始まろうとしていた。吉川は自分を排除しようとする動きが水面下で画策されているような気配を感じていたし、参加して押さえ切れずに不用意な発言をして「会」の結成に水をかけるようなことになってもいけないと思い、出席しなかった。

渡された議案書を見て、大沢は唖然とした。

「これは何だ。会長をやれといっておきながら……」

腹の底から湧いてくる憤りを押さえることが出来なかった。何の連絡もなく、何の相談も断りもなく、役員名簿の中から大沢の名前がはずされていた。議事次第で規約（案）提案者・大沢義行となっているだけだった。

議事が進み、規約（案）の提案を司会者から指名された大沢は即座に、

「俺はやれない」ときっぱり断った。

自宅に戻ったが、どうにも怒りがおさまらない。やけ酒を飲んで床に就いたものの朝がたまで殆んど眠ることが出来なかった。

道子は、大沢のただならぬ振る舞いに戸惑ったが、声をかけることが出来なかった。大沢もその夜は何も語らなかった。

この「大沢おろし」の経過については、殆んどの区長が知らなかった。

「何かの事情で大沢が辞退したのだろう」と大多数の区長は受け止めていた。

翌日吉川を尋ねてきた大沢の表情は固く、昨夜の様子を語りはじめたその口元からは悔しさがにじみ出ていた。

「ひとをバカにするのもほどほどにしろ。こんな目にあったのは生まれて初めてだ。どんな団体や組織でも、いや、一般社会のルールや常識でも絶対あり得ないやり方だ」

「俺はこのまま黙ってられねーし、はっきりさせなければ腹の虫がおさまんない。吉川さん、どうしたらいいべない」

話を聞けば聞くほど理不尽極まりないやり方に怒りが込み上げてくる。私に対する不可解な排除の画策。そして、大沢に対する失礼千万な扱い。「いったいなぜこんなことが」──互いに怒りをぶちまけ合いながら、この汚いやり方をどのようにして公にしていくかを話し合っていくうち、大沢がポツリと一言、「これは裏に何か大きな動きがあるな!」とつぶやいた。

この一言で感情の高ぶりを押さえられないでいた吉川は、一瞬、われにかえったような気がした。

「大沢君、ここは我慢のしどころかもな。もし、俺らが抗議をしたり、文句を言ったりしたら、『あの連中、反対運動にケチをつけている』と言ってくるのは目に見えるような気がすんだけど。これまでのやり方を見ていたら、そんな気しないかい」

「そうかもしれないなぁ」

大沢は、自分に言い聞かせるようにうなずいた。

二人は、徐々に冷静さを取り戻しながら、状況を見守っていくことにした。

こうして、「水と環境を守る会」は、代表六名を含む十二名の区長で役員会を構成し、事務局に副区長十二名と地元住民四名の計十六名を選任し旗揚げをした。各種団体の責任者や各階各層の幅広い個人が参加する本来の住民団体の形態ではなく、区長会が衣替えしたような形での運動体として出発したのである。

硫化水素が致死量の四〇倍も

六月二十日、郡山医療生協の送迎バスが東北自動車道を一路、宮城県村田町に向かっていた。バスには「竹ノ内産廃処分場」の現地視察に参加する二十四人が乗っていた。総会決定に基づく活動の一環として医療生協三穂田支部が計画したもので、支部役員や組合員のほかに「水と環境を守る会」の役員を含む区長たちも数人乗っていた。

参加者の殆んどが処分場を初めて見る者ばかりで、バスの中は「果たして、どんなものなのか」と、はやる気持ちを押さえながら複雑な雰囲気に包まれていた。

吉川は十数年前、国立郡山病院の統廃合反対運動に参加し、「国立病院を守る会」の代表世話人も務めたが、当時、十三万人を超える陳情署名を市長と市議会に提出した経験を持っていた。陳情を受けた市長と市議会は、厚生省の統廃合計画に公然と反対して「守る会」の運動に賛同し、厚生省に計画の撤回を求める態度をとった。

この「守る会」は各町内会長をはじめ各種団体の代表、弁護士や著名人などで代表世話人会を構成し、「会」には医療従事者や多くの市民が参加し、厚生省本省や東北医務局との交渉、県に対する要請活動など幅広い運動を展開した。結果的に須賀川の国立療養所との統合となったが、計画発表から十五年間病院を存続させることが出来た。そして、国立病院の跡地には市が新病院を建設し、郡山医師会の運営で引き続き医療活動が継続されることになった。

「産廃処分場は、三穂田の中だけでの運動では止められないと思うし、半ぱなことをやってたんではつくられてしまうんじゃないかな。国立病院の運動よりも難しいかもしれないし、署名を郡山全体に広めて、十万以上集めるくらいの取り組みをしなければならないんじゃないかな」

まだ、「水と環境を守る会」でも確固とした方針が決まっていないと聞いていたので、吉川は思い切って問いかけてみた。今まで経験をしたことのない大きな取り組みの提起だけに、バスの中には「これはなかなか大変だぞ」と戸惑いの声が広がった。

「率直に言って署名だけで阻止出来るほど甘くはないと思うが、その署名すら出来なかったら、業者になめられてしまうと思うけどなぁ」

吉川は思わず、弱音を吐きそうになる空気を打ち消し発奮を促すような発言をしてしまった。車内は一瞬静まりかえった。それぞれが運動の重さを感じていたに違いない。

竹ノ内処分場の入り口となる県道の橋のたもとで、「竹ノ内産廃からいのちと環境を守る会」の岡久事務局長が出迎えてくれた。この県道大河原・川崎線を南に直進した道路沿いの両側には約一五〇世帯の住宅が密集する寄井地区がある。処分場はそこから数百メートル西側のところにあった。杉林と田んぼの境に鹿沼土に覆われた茶褐色の埋立地がある。埋立地には雑草すら殆んど生えていない。処分場の周りには二〇世帯ほどの民家がある。ここが竹ノ内地区である。処分場からおよそ三百メートル北東方向には村田町立第二中学校がある。

処分場のあちこちにボーリングなどによって設置された検査井戸がある。この井戸は廃棄物を鹿沼土で覆土する際、住民の強い要求もあって県が設置したものである。鹿沼土は臭いを吸収する性質があるため覆土に利用されたが、覆われた鹿沼土の厚さは一～二メートル程度で、その下には二〇～二五メートルの深さまで不法投棄された産業廃棄物がそのまま放置されている。

鉄パイプやビニールパイプが埋め込まれている検査井戸のフタをはずすと、その底ではブツブツと何かが発酵しているような音がし、異臭が噴き出してくる。底から汲み上げた水の温度は四〇度を超えている。メタンガスや硫化水素、二酸化炭素などが化学反応を起こし、その混合有毒ガスが出ているものと思われる。地中がいかに凄まじい状況になっているかを物語っている。

その検査井戸の周りで岡事務局長の説明を聞いていたが、五分と経たないうちに何人かが頭痛を訴え出した。

これらのガスは、検査井戸からだけ出ているのではなく、あちこちで、覆土の隙間から噴き出しており、雨あがりの水溜りからはブクブクとガスが出ている様子がよくわかるという。地元住民はこの場所を「地獄谷」と呼んでいる。

「硫化水素ガスは極めて毒性の強いガスで、七〇〇ppmの濃度で人間は死んでしまいます。ここでは、一時、致死量の四〇倍にもなる二八、〇〇〇ppmが出ました。この周辺では『ここには住めない』と数戸の家が引っ越していきました。一家で病院通いをしている家族もあり、因果関係ははっきりしませんが、亡くなるお年寄りが増えています……」

現場を見て、異臭を吸い、話を聞きながら、参加者はその一つひとつに強い衝撃を受けた。

産廃処分場反対の一点で結束を

場所を移し、「沼辺公民館」で開かれた交流会には、竜泉寺の住職でもある佐藤正隆「会」代表も参加し、運動について活発な意見交換を行った。交流会では、さらに驚くべきことが報告された。大量の有害物質が発生・流出した背景には、広域暴力団関係者によって管理・運営され、処分場に大量の不法投棄があったというのである。この関係者たちは、「廃掃法」の違反で起訴され有罪判決を受けている。住民運動のなかで時折、産廃業界と「闇の社会」の関係が話題になるが、この竹ノ内処分場の実態がその具体的な例といえる。

「①運動の手をゆるめれば行政はすぐ手を引こうとします。建設されてからの運動は困難で長くかかります。三穂田はいまなら間に合います。阻止するまで全力をあげて運動を強めて下さい。いくら大変でも、造られてからの苦労に比べれば阻止する運動の方が苦労のしがいがあります。②『産廃処分場建設反対』の一点で結束し、運動は党派を超え、すべての住民の知恵と力を寄せ集めて草の根からたたかっていく住民運動をつくりあげていくことが勝利のカギです。この原則を逸脱したとき、運動が困難におちいる例が全国に幾つもあります。③的確な判断力と幅広い運動をつくりあげることの出来るしっかりした事務局体制を確立することが大切です。④『建設阻止』要求に対する行政（市長）の態度をはっきりさせる姿勢を貫き、『行政へのお願い』的な運動にならないことはきわめて重要です。⑤運動成功のためには多額の費用が必要になります。『財政確立なくして運動の成功はない』というのがあらゆる住民運動の原則です。しっかりした財政確立の方針とその具体化は常に心掛けなければならないことです」

交流の中で岡事務局長から受けたこれらのアドバイスは、後に新たに結成された「産廃処分場建設に反対し　いのちと環境を守る会」の運動に余すところなく生かされていった。

3　不可解な動きが

「やりかた汚くないか」

六月二十九日、署名の取り組みなど今後の運動について協議するため「水と環境を守る会」の打ち合わせ会議が開かれた。稲葉ら何人かの役員と事務局員が参加し具体的な話し合いが行われたが、そのなかで三穂田町内一世帯当り五百円の目標で募金を集めることを確認し、同時に「会」事務局長に増本忠勝を当てることを決めた。この会議には区長会長をはじめ殆んどの区長が参加していなかったため、多くの区長らはこの内容を後日知ることとなった。

打ち合わせ会議の確認に基づき町内十二の区で「説明学習会」が開催された。「五百円を持って参加すること」との招集は、事務局からの指示を受けて各区長が行った。区長名での招集でもあり、吉川もこの説明会には出席した。

「吉川さん、産廃問題についてみんなに説明をしてくれませんか」

受付で突然雪恵から依頼されたが、吉川は「今日は一区民としての参加で、そんな立場にもないし、やらないよ」と断った。

説明会には増本事務局長と事務局員である雪恵が「水と環境を守る会」の代表として参加していた。説明会が始まった。増本が処分場の構造や概要、設置手続きなどの説明を行い懇談に入った。

「区長に集めさせておいて会の代表が来ないのはおかしいんじゃないのか」

「大沢君をなぜ会長からはずしたのか、やり方がきたないとは思わないか」

「この署名用紙は要請趣旨や要請事項、要請先などがなく、署名用紙としての体をなしていない。この用紙では署名は集められないだろう」

「なぜ、誰でも参加できる会にしないのか」

「会」結成の経過や運営にいささか疑問を感じていたため、吉川は抑えきれずにまとめて質問をしてみた。

参加者の何人かからも疑問や意見が出された。

しかし増本から具体的な回答はなかった。

「吉川さん、なんですか！　署名用紙を私が作ったこと、承知の上であんなこと言ったんでしょう」

帰り際、玄関先で雪恵が激しい口調で吉川に食ってかかり、ぶ然とした表情で帰っていった。

「水と環境を守る会」の「産廃情報No.2―7月号」が〝処分場建設を阻止するには？　郡

山市民の総意として処分場建設反対を表明する事が必要です〟として「署名目標一〇万人」をかかげ、全市的な署名運動に足を踏み出した。

これらの動きに呼応して旧市内の中小企業経営者などが「三穂田の水源地を守り、郡山の水と緑を守る会」を結成し、独自に署名活動などを行い、運動を広めていった。この中小企業経営者の会の立ち上げにとって久美の働きは大きかった。久美は兄が経営する会社の事務の仕事をしているが、会社のつながりで、多くの中小企業経営者との交流があり、処分場建設反対運動への協力と支援を訴えていったのである。

しかし、「水と環境を守る会」は、この「会」の結成と運動を警戒するかのように一線を画し、自ら運動の広がりにブレーキをかけるような態度をとった。久美はこうした態度に納得出来なかった。

「なぜ、協力や支援を受けることが出来ないのですか」

事務局員として出席した役員会でくいさがったが受け入れられなかった。

この役員会の後、久美のもとに信じがたい情報が飛び込んできた。「水と環境を守る会」のなかに〝久美さんには、これから、あちらの会でやってもらうようにしたら〟との声が出ているというのである。それ以来、久美には、「水と環境を守る会」からの会議への出席案内はこなくなった。実質的な事務局員の解任である。どのような手続きでどのような処理をされたのか、納得できる説明は一切なかった。

こうした不可解な動きが表面化する一方で、署名運動取り組みの準備が進められていった。三河区長会長からの要請を受けた郡山中央町内連合会の宇津木会長は、「水と環境を守る会」が市内各町内会長に署名協力の依頼をすることを承諾した。その結果、全市的に回覧板などによる署名活動が行われ、最終的に二十一万余筆の署名が集まった。

署名を前に「藤森市長に直接手渡し、市民の意思を伝えよう」と区長たちは署名を手渡すための市長との面会を申し入れた。市からの回答は「ノー」だった。

この回答は、区長たちにとって全く意外だった。藤森市長の妻が三穂田町出身であることもあって、これまでの市長選では藤森候補の準地元として熱気溢れる運動が繰り広げられてきた。選挙戦での各区長の影響力は極めて大きく、区長たちにとって市長の面会拒否などは思ってもみなかったことである。

「申し入れが市長に届いてないのではないか」

繰り返し申し入れが行われた。しかし市長は応じなかった。結局、署名は十二月十四日に環境衛生部長に手渡された。

「署名だけでは阻止できない」

署名集めが終息し、市長への署名提出をめぐって役員のなかに意見の違いが表面化していった。

「市長が会わないと言っているなら、部長でもかまわないから早く出すべきだ」

「いや、市長に直接手渡し市民の意思を伝えて、許可しないよう申し入れるべきだ」

この意見の違いは、その後の運動の進め方についても微妙な食い違いとなっていった。

「二十一万の署名は大成功だ。これで所期の目的は達したし、我々の役割は十分果たしたことになる。今後裁判などの運動まで行うことになれば莫大な費用もかかるし、いまはそこまで決断することはできない。市長も二十一万の署名で市民の意思は判ったのではないか。しばらく様子を見ていったらどうか」

との意見が地元四区の区長らから出された。深い議論もないまま運動の縮小中断の方向に役員内の空気が傾いていった。

八幡区の区長橋爪房雄や川田区の区長柳内嘉一は、この流れに疑問を感じ運動の継続と強化を主張し続けていた。橋爪は三穂田区長会の副会長であり、柳内は会計係で共に区長会の三役としてその重責を担っている。署名を環境衛生部長に提出し、市役所での現地解散となるため、柳内は参加した区長たちに「帰り道、川田の公民館に寄ってくれないか。今後の運動について話し合う必要があると思うので」と呼びかけた。

ここで運動をやめたらつくられてしまうのではないかと不安になったからである。

結果的に公民館に立ち寄ったのは、柳内と橋爪の他に二～三人だった。

「ここで運動をやめたら署名の効果は弱まっちゃうよな……」

二人は危機感を募らせていった。

これらの動きが表面化する前、事務局員の清野忠が「署名だけで終わるのではなく、いろいろな活動をやってかなければ……」と発言したが、この発言が「清野は署名なんて無駄だと言ってる」と一部役員からの批判の的となった。

清野は産廃問題についての資料なども集めながら、運動の進め方についてそれなりの考え方を持っていた。業を煮やした清野は辞表を提出した。真意が伝わらないもどかしさからの行為だった。

「清野君から辞表が出されているが……」

稲葉からの報告に役員会は「辞表が出てんなら……」と辞任やむなしの方向に進もうとしていた。

「なに言ってんだ。いま辞めろ辞めるなどと言ってる場合じゃねいべ」

柳内が語気を荒げて、割って入った。柳内の一言で空気は一変、辞任問題は先送りとなった。

「久美さんの場合もそうだったけど、出る杭は打たれるみたいな雰囲気が気になって仕方がなかった」

後に柳内がしみじみと漏らしている。その頃から清野にも会議出席への声などはかからなくなった。

「何のための出前講座だったのか」

署名提出二日後の十二月十六日、芦ノ口公民館に区長、副区長たちが集まり山崎廃棄物対策課長らの到着を待っていた。「水と環境を守る会」の呼びかけによる「出前講座」が開かれようとしていた。吉川は、産廃問題の話ということなので是非業者の手続き状況などを聞いてみようと稲葉に電話をし、開会時刻を尋ねた。

「今日は、会の役員と事務局以外はダメなんです」

意外な回答が返ってきた。市が行う「出前講座」は生涯学習の一環として広く市民に開放されるものと聞いていたので、一瞬奇異に感じた。強引に出てことを荒立てるようなことになってもまずいと思い、吉川は参加を取り止めた。

山崎課長からは廃棄物の種類と区分、その廃棄場所などについて、係長からは安定型処分場や管理型処分場の構造や機能、投棄される産業廃棄物の種類などについて説明が行われた。参加した何人かの区長は、「いわゆる産廃に関する一般的な話で、聞き方によっては、産廃であっても完全に分別し適正に処理すれば心配はないともとれる内容だった」とその感想を話している。

出席していた清野は「何のための説明か」と疑問に思った。

「ところで三穂田の問題はどうなってるんですか？　業者の手続きはどこまで進んでるんでしょうか」

「いま、そんなこと聞いてどうすんだ！」

清野の質問に山崎課長が声を荒げた。

途端に会場は緊張感に包まれた。

二十一万もの署名を提出した直後でもあり、質問や意見、不許可を求める発言があってもいい筈だが、区長たちからは殆んど発言はなかった。

冷静に考えてみれば、反対運動をしている団体に許可権者の事務トップが参加して産廃問題について話すこと自体、一般的には考えられないし、説明内容も反対運動を容認するようなものにはならないことは自明のことである。

この「出前講座」は何を目的にしたものだったのか、いまもって不可解である。

第二章

「新たな住民団体が必要だ」

1　立ち上がった二人

「あぁー　オオタカだ」

「あぁー、オオタカだ」

芦ヶ沢池の南の尾根越しから現れた一羽のオオタカが数羽の水鳥を猛スピードで追いかけ、東の方に飛んでいった。一瞬のことだったが、吉川たちは頭上を飛び去るオオタカの雄姿を茫然と見送っていた。年が明けた二〇〇五年（平成十七年）一月二十二日のことだった。

芦ヶ沢池は、なだらかな山裾に沿って三つの池が連なっており、処分場予定地に隣接する北側下流に位置している。かつては下流域を潤す農業用水池として利用されていたが、いまは幾つかの沢から流れ込む雨水や雪解け水、伏流水などの清流で年中満たされ、さまざまな生き物たちの生息池になっている。水鳥も多く見られるこの芦ヶ沢池周辺は、オオタカなど猛禽類の餌場にもなっているらしい。

オオタカはレッドデータリストの絶滅危惧一類に分類されており、絶滅が最も危惧される保護鳥である。この日は、昨年十月から始めた自然観察会の第三回目で、この観察会は、「福

自然観察会

島県自然保護協会」の援助を受け、当初は地元有志数人が参加し処分場予定地周辺の観察から始めたものである。

これまでの観察ではすでに、ハイタカ、ツキノワグマ、ニホンカモシカ、テン、ノウサギなどの生息が確認されている。

協会の横田清美理事や佐藤教彦など専門家とはじめて観察活動に参加した有志たちは、豊かな自然やさまざまな生き物と出会い、その一つひとつが新たな感動だった。

横田は、二〇〇三年三月に福島県が発行した『レッドデータブックふくしま』の作成検討委員に任命され、調査研究に携わってきた専門家である。佐藤は、元高校教師で「生物」について専門的に研究し教鞭をとってきた人物である。

横田から「これまでの観察から、この場

所は、春から夏にかけて多様な野生生物が確認されると思う」と聞かされ、参加者は「こんなところに処分場などつくらせる訳にはいかない」との思いを一層強めていった。

この観察活動は、久美がインターネットで協会の存在と活動を知り、処分場建設予定について知らせたのがきっかけで、同協会が希少野生生物の生息を確認するために観察調査に入ったものである。

観察活動はその後新たに結成された「産廃処分場建設に反対し　いのちと環境を守る会」との共同で、二十数回にわたり行われた。

観察会には横田、佐藤をはじめ常に数人の各専門分野の会員が参加した。その結果、県がレッドデータブックで指定している絶滅危惧種や希少種などの野生生物の生息が多数確認され、マスコミなどで大きく報道されることになっていくことになる。

このままでは

「二十一万を超える署名を出したことで市長は判を押さないと思うかい。ここで手をゆめたらあぶないいんじゃないかと思うんだけど。どうだべない……」

年も明けた二〇〇五年、一月も終わろうとしていたある日の夕刻、橋爪と柳内が訪ねてきて、吉川に不安な気持ちを打ち明けた。

山崎課長の出前講座内容が処分場建設反対運動にとって何が参考になったのか。果たして生かすべき教訓はあったのか。当日、質問や意見は出さなかったものの、何人かの区長たちは腑に落ちなかったようである。現に「水と環境を守る会」からは、その後の具体的な活動の方針は出されていなかったし、活動の継続や再開を求める声も殆んど出ていなかった。

「あの話では処分場は心配するようなものではないとも取れるし、課長は署名など全く気にしていないようにも見えたんで、心配になったんだけど、吉川さん、どう思う……」

「あれだけの署名は市長も無視出来ないだろうし、業者もあわてていると思う。でもこれでストップ出来ると思ったらとんでもないことになるんじゃないかな。全国では、条例に基づく住民投票で九割を超える反対票が出ても、裁判で負けている例もある。いろいろな人が幅広く参加出来る住民団体をつくり、運動を強め広げて世論をバックにたたかわなければ勝てないと言われている。竹ノ内処分場の岡さんも住民運動が基本と言ってたよね」

「このままいったらつくられてしまうのは確実だな……」

二人は、反対運動の現状にもどかしさを感じながら、いま何をしなければならないのか悩んでいる様子だった。

「また来っから、いろいろ話に乗ってくなんしょ」

帰り際に二人はこう言い残して帰っていった。

数日後、二人が再び顔を出した。出前講座の説明では、いまどんな状況になっているのか、今後の見通しはどうなのか、全く見当がつかず、気がもめて仕方がないというのである。

「手続きはかなり進んでいるんでないかなあ……。山一帯の測量もかなり前に終わってるらしいし、木もずいぶん切ったようで、市も申請を受け付けてんでないかと思うんだけど……」

と、柳内が不安げな表情で切り出した。

「俺らも水と環境を守る会の役員なんだが、いろいろ意見を言っても通らないし、四区の区長と事務局長らの考えで物事が決まってしまうので、どうせ、なに言っても駄目だと思い、もういまは何も言わないことにしてるんだ。でもこのまま諦めたら大変なことになると思うし、大沢君に顔向け出来なくなってしまうんで……」

橋爪は、なげやり的な口調とは裏腹にいらだちをあらわにしながら、大沢への想いを明かした。

その直後の二月末、橋爪は三穂田区長会長の三河と共に「水と環境を守る会」の代表を辞任した。区長会長、副会長の代表辞任は、各方面に衝撃を与えた。

柳内は、二〇〇世帯を超える川田区の区長である。川田区は、三穂田町では富岡区に次いで二番目に大きな区である。柳内は、「水と環境を守る会」が訴えた一世帯五〇〇円の募金を区の財政から一括支出するようなことはせず、各世帯から戸別に集めた。柳内はその責任の重さを感じ、運動が停滞している現状を見るにつけ、「目に見える活動を行い、区民に説明のつく取り組みをしなければ」との思いを募らせていたのである。

橋爪は、行政センターのある八幡の区長で、副区長の大沢とは区の運営をはじめ、あらゆる面で意思の疎通を図っていた。勿論、産廃問題についてもたえず話し合い、区内の取りまとめも相談しながら進めていた。橋爪のなかにはいつも、「水と環境を守る会」結成時の大沢への理不尽な扱いを止めさせられなかった自責の念がくすぶっていた。

「業者は、着々と手続きを進めてんじゃないかな。市にも確かめて、進み具合をつかむことを急がなければなんないと思うよ。このまま動かないでいたら、指くわえてつくられるのを待ってるようになっちまうんでないかな。どんな手順で手続きが進められるのか、業者や市の対応に見合った運動をどう進めるのか、勉強もしないとプロの業者には勝てないと言われてるよなあ。いずれにしても、いまどうなっているか、はっきりつかむことじゃないかなぁ」

「なるほど、ところで吉川さん、相談なんだけど、ちゃんとした『会』、つくられないべか。俺ら主な人たちに頼んで発起人になってもらうつもりなんだけど、いろいろ知恵と力を貸してもらえないかい。すでに何人かとも相談はしているんだが……」

突然の問いかけに吉川は〈そんな簡単なものではない〉と正直戸惑った。「吉川や大沢は、アカだから駄目だ」との陰口が半ば公然と流布され、陰に陽に運動に影を落としているなかで、分派活動のレッテルをはられるのは目に見えていたからである。

以前、橋爪が「吉川さんを外すために陰の力が働いているようだ」と言っていたことを考え合わせると、そう単純にものごとが進むわけがないことは吉川には容易に想像出来た。橋爪と柳内はそれぞれ三穂田区長会の三役であり、二人とも「水と環境を守る会」の役員でもある。果たして、今後予想されるさまざまな圧力に耐えられるかどうかも心配だった。

しかし、前から、幅広い人たちが参加するまともな住民運動を行わなければ阻止出来ないと言ってきた手前、「大丈夫か？」などとは言えなかった。

「意気込みは判るが、じっくり準備しないと難しいいんじゃないのかな。橋爪君は水と環境を守る会の代表の一人だったし、柳内さんも役員になっている。いろいろ問題になるんじゃないの。いきなり新たな『会』をつくるとなったら、それこそ大騒ぎになると思うよ……」

「いや、心配はいらない、ちゃんと筋を通してやるから……」

二人はすでに段取りを考えているようで、かなり自信ありげな口調で言い切った。

「でも、いきなりではなく、まず、学習を兼ねた懇談会でも開いてみたらどうかな。その懇談会でいまの状況と今後の見通しなどについて話し合い、そこで相談した方がいいと思うけど。どれだけ集まるかが問題だが……」

「それじゃ、吉川さん、懇談会で説明してくれるかい。早速、人集めやるから」

二人は懇談会の段取りなどについて話し合いながら帰っていった。すでに午後十一時を回っていた。

間もなくして、「産廃処分場問題懇談会への参加のお願い」の案内文が三穂田町内に配られた。

「……さて、ご承知の通り、塩ノ原地内に設置が計画されている産業廃棄物最終処分場問題は、大詰めを迎えているものと思われ、設置を阻止できるかどうか、予断を許さない状況になっているものと判断されます。……万が一、設置が許可され、全国の多くの処分場で起こっているような不法投棄が行われる事態になれば……住民の健康破壊や農作物への被害は……計り知れないものとなり……一〇〇年以上も続くのではと言われています。……住民運動で大きな盛り上がりを示しているいわき市の例をみますと、すべての市民への参加をよびかけ、多くの市民が運動に参加しているのが特徴です……そして、いくつかの市民団体が連携して、各分野の専門家と住民が共同し、多面的で、科学的な調査研究活動を行い、貴重なデータと資料を作成しています……『三穂田町水と環境を守る会』の運動は、二十一万人を超える署名集約に示された通り、市民の世論を大きく喚起することを基本として、その役割は大いに果たしていると思います。しかし、会の性格と体制上、これ以上の運動をすすめることは、一定の制約と限界もあるようです。こうした状況を踏まえ、『三穂田町水と環境を守る会』に呼応し、いわき市で行っているような運動にとりくみ〝産廃処分場反対〟の一点で、全町民の知恵と力を寄せ集め、専門家などの協力も得て運動を大きく盛り上げて、産廃処分場の設置を阻止したいと考えています。つきましては、……反対運動についての相談と懇談を行いたく存じますので、是非ご出席下さいますようご案内申し上げます。

記

一、日時　二月二十七日（日）午後七時より
二、場所　三穂田公民館
三、議題　産廃処分場反対運動について
」

呼びかけ人は、橋爪、柳内ら四人の区長である。

「新しい会をいますぐつくろう」

二〇〇五年（平成十七年）二月二十七日、三穂田公民館和室。コの字型テーブル形式につくられた座席は四〇人近くの参加者で埋められ、座わりきれない状況となった。

橋爪たちの働きかけで現役やOBの区長、副区長をはじめ、各種団体の責任者、各分野の個人など多彩な顔ぶれがそろった。

橋爪たちからの要請で急遽報告しなければならなくなった吉川は、各方面から資料や文献を取り寄せたり、インターネットでの検索など、急ごしらえの準備だった。勿論、これまで産廃問題の学習などをしたことはないし、運動に参加したこともなかったので、全くの白紙からの準備作業であった。

多くの区長たちが業者による手続きの進捗状況や見通しに関心を持ち不安を抱いているこ

とを考え、現状について正確な情報を報告したいと思い、市の担当課に問い合わせたが、申請を受け付けたかどうかさえ回答を得ることが出来なかった。しかし、前年秋発行のＳ月刊誌で事業計画書申請の受理について業者と市が対立し、市の幹部が謝罪したとの記事があったので、その真偽を確かめるため各方面に非公式に当ってみた。その結果、いわゆる未確認情報として、市が申請書の中身も確認せずに受け取りを拒んだとして業者側から法的手段による責任追及を通告され、市がその非を認めたというのである。

業者側が法的手段の根拠にしたのは、行政手続法のようである。

行政手続法第七条（申請に対する審査、応答）は「行政庁は、申請がその事務所に到達したときは遅延なく当該申請者の審査を開始しなければならない。また、行政庁は、法令に定められた申請の形式上の要件に適合しない申請については、速やかに申請した者（申請者）に申請の補正を求め、又は当該申請により求められた許認可を拒否しなければならない」とし、第八条（理由の提示）では「行政庁は、申請により求められた許認可等を拒否する処分をする場合は、申請者に対し、同時に当該処分の理由を示さなければならない（第一項）。拒否処分を書面でするときは、書面により示さなければならない（第二項）」とうたっている。

即ち、申請内容に不備があれば指摘をし、補正をもとめて廃掃法や市の指導要綱に適合するよう指導しなければならないことになっている訳で、理由も示さずつき返すような対応をすれば、行政手続法違反で責任追及されかねないのである。

地元住民の知らないところで業者と市の間で極めて重大なことが起こっていたのである。この事態は、市の業者への今後の対応に影響を及ぼさないか、懸念された。

吉川は、懇談会で、こうした事態を踏まえ、現在の状況は、申請がすでに受理されたか、あるいは、早晩受理される見通しであることを報告した。あわせて市のマニュアルに基づく手続きの手順を確認しながら、申請が正式受理されれば、予想以上に早く手続きが進む可能性があることも説明した。

三穂田に計画されている処分場は「安定型」（構造上、三種類ある産廃処分場のなかの一つ。無機物であって、土中で溶け出したり変化しないとされる安定五品目〈一四九頁参照〉を埋め立てる素掘の処分場。他に管理型と遮断型がある）で、処分場面積四八、〇〇〇平方メートル、埋立地容積二四六、八〇〇立方メートルとしているため、長期間にわたる膨大な調査と複雑な手続きを要する県の環境アセスメント条例（処分場面積五〇、〇〇〇平方メートル以上、埋立地容積二五〇、〇〇〇立方メートル以上のいずれかが該当する場合、本条例の適用となる）に該当しないため、比較的簡易な環境調査で済むからである。

吉川はさらに、村田町竹ノ内処分場の深刻な健康被害の実態と困難なたたかいや、いわき市の教訓的なたたかいについても報告し、竹ノ内処分場の岡事務局長のアドバイスも参考にしながら住民運動の進め方など、短期間で学んだことを話した。

ひと通りの報告と説明が終わり懇談に入ったが、さまざまな意見が飛び交った。

「申請、受け付けられたのかなぁ」

「受け付けられたらおしまいなのか?」

「市は業者に強く出られないんでないか」

「課長の話は何だったんだ、あれは……」

「水と環境を守る会は、署名も出したんだから市に頑張ってもらおうと言っているが、本当に大丈夫なのかな」

「このままにしてたら許可されっちまうんじゃないか」

「向こうの会に任せてたら、つくられっちまうぞ」

「みんなで市に行って、はっきりさせたらどうだ」

会場は、活発な意見交換の場となった。吉川は、毛頭、煽るつもりなどはなかったし、事実に基づき現状を報告したつもりだったので、正直いって参加者の関心の高さに驚いた。

「もたもたしてないで、いまここで『会』を結成したらどうですか」

高山一夫が切り出した。

「そうだ、急がないと手遅れになってしまうと思うよ、みんな、どうだい」

西沢俊二が参加者を見回しながら、同調を求めた。

会場は、ざわめきのなかで「新たな会をつくらなければ」との雰囲気になっていった。高山は、郡山市街地に事務所を持って社長として広告代理業を経営しており、後に結成される

「産廃処分場建設に反対し　いのちと環境を守る会」の事務局員として積極的に活動していく。西沢は高山と同じ野田区の住まいで、前区長として活躍した人物である。吉川は、積極的で貴重な意見だが拙速になることは決して得策でないと考え、橋爪らに慎重に対応するよう促し、参加者に訴えた。

「いや、今日は勉強会を兼ねての懇談会なので、会結成の相談は橋爪君や柳内さんらを中心に、別に考えた方がいいと思います。新しい会をつくるのは、そう簡単ではないと思いますので、じっくり段取らなければならないのではないでしょうか」

この吉川の発言を受け、柳内が「会」結成に向けた決意を述べ、参加者への協力を要請した。

「俺たちも新しい会をつくらなければと思っているし、相談も始めているので、急いで準備を進めるつもりです。是非、力になって下さい。今日はそのことを確認してもらえれば大変嬉しく思います……」

翌日朝早く、橋爪と柳内が吉川を訪ねてきた。二人とあいさつを交わした吉川の妻佳子は、朝食準備のため席を外した。

「人集めは俺らやるから――事務局長を頼む」

「急いで会を立ち上げたいので、事務局長やってもらいたいと思って来たんだけど、何とかお願いします。我々では何も判らないので……。人集めは俺たちゃっから、頼みます」

二人の口調から、昨夜の懇談会の成功が確信になっているのを吉川は直感した。

「あんた達の気持ちは百も承知だ、俺も急がなければと思っている。これまでいろいろ相談してきたんだから逃げる訳にはいかないことは判ってる。でもちょっと待ってくれないかなぁ。うちの佳子が〝中心的になるような役割は持たないで〟と反対してるんだ。去年あんな形で排除されたのがよほど口惜しかったらしく、いくら活動してもかまわないけど『役』は引き受けないで、と言ってるんだ」

佳子が処分場建設に強い反対の意思を持っており、現に、いま行っている自然観察には熱心に取り組んでいることを考えれば、よく話せば判ってくれる筈だという確信はあった。しかし、あれだけ口惜しがっていた佳子の心情を思うと、独断で即答することはできなかった。

橋爪と柳内は「あてにしてっから……」と言い残して席を立った。

「引き受けたの?」

二人が帰るや否や、佳子が問い詰めてきた。

「いや、考えておくと言っただけだ」

「それじゃ、引き受けるということになるんじゃないの!」

「そんなこといったって、あたまから断る訳にいかないだろう、あんな大変ななかで二人が本気になってやっているのに逃げられるかい。あんただって見てて判るだろう。彼らは、前の連中とは違うよ」

「そりゃぁ、私だって判ってるわよ、でも……」

しばらく考え込んでいた佳子が「造られたらとり返しがつかなくなるし……」と自分に何かを言い聞かせるようにつぶやきながら、「ここまできたら、後戻りできないんだろうね」と納得したような表情で台所に戻った。

これらの動きとは別に、柳内は一席を設けて稲葉と松本修に会っていた。この二人は、柳内の中学校の同級生で、同級会などでは共に幹事としてまとめ役を務める仲である。

稲葉は、名実共に「水と環境を守る会」の代表であり、松本は、大谷区の区長で、やはり「水と環境を守る会」の役員として稲葉と共に「会」のリーダー的役割を果たし、後に三穂田区長会の会長になった人物である。

柳内は、同級生のよしみから「水と環境を守る会」の果たした役割を評価しながら、この会の性格上、制約と限界があることを指摘し、反対運動を継続し、阻止する活動を行う新たな住民団体をつくる意向を率直に伝えた。勿論、「水と環境を守る会」と対立するものではなく、互いに連携していく方向で進めたいとの考えも述べ理解を求めた。ざっくばらんな話し合いのなかで三人とも、いまのままで建設を阻止できる確信はないことでは一致した。しかし、稲葉も松本も新しい団体をつくることには即答を避けた。柳内は、このままでは、町民に責任が持てなくなるとの思いから二人に再度了解を求めた。この柳内の熱意に稲葉と松本は「つくるのは仕方ないが、利用されるなよ」と容認する態度をとった。

柳内らが、前に「ちゃんと、筋を通してやるから」と私に言っていたのは、このことだったのである。

これまでの一連の動きについて、私は大沢とその都度連絡を取りながら、しっかりした運動体が組織されるのかどうか話し合ってきた。勿論大沢は、橋爪とは区長、副区長の仲でもあり、昨年の〝大沢おろし〟のいきさつから二人の連携も緊密だった。

「今度は、ちゃんとした会が出来ると思うけど、妨害もあるんじゃないかなぁ。でも、橋爪君らは、あの連中とは違うし、今度は一緒にやれるんでないかい」

お茶を飲みながら、大沢の表情は、いつになく明るかった。昨年の口惜しかった思いをようやく振り払うことが出来る心境だったに違いない。

橋爪と柳内の目をみはるような動きが始まった。三穂田の十二全ての区を回り、「会結成呼びかけ人」集めに走り回る毎日だった。

「……『水と環境を守る会』の運動は、二十一万人を超える署名集約に示された通り、市民の世論を大きく喚起する点で、その目的と役割を大いに果たしています。しかし、『会』の体制と方針から、いわき市や他の住民団体がとりくんでいるような運動をすすめることは困難とされています。……こうした状況を踏まえ〝産廃処分場反対〟の一点で、全ての町民の知恵と力を寄せ集め、専門家の協力や市民の支援も得て、新たに運動を大きく盛り上げなければならないと考えます。つきましては、こうした運動を進めるために、それにふさわしい組織の発足も視野に入れて、現状打開のため、とりくみを急ぎたいと思います。『水と環境を守る会』とは〝産廃処分場設置阻止〟の一致点で相呼応し、連携し合うよう呼びかけていきます。業者が着々と手続きをすすめているものと思われ、状況は極めて切迫しています。どうか、こうした現状をご賢察の上、これら運動への賛同とご協力をいただきますようお願い申し上げる次第です。二〇〇五年三月」

この「産廃処分場設置反対運動へのご協力のお願い」の訴え文には、各区の区長ＯＢなど十四人が名を連ねている。訴え文で「会結成呼びかけ人」の引き受けを依頼された殆んどの人たちは、快く承諾した。

最終的に全ての区から呼びかけ人が出揃い、その数は三十七人となった。内訳は、下守屋区二人、富岡区四人、鍋山区二人、塩ノ原区二人、芦ノ口区二人、山口区二人、膳部区二人、大谷区二人、八幡区四人、野田区三人、駒屋区三人、川田区八人、旧市内一人である。

メンバーの顔ぶれも多彩である。元三穂田区長会副会長、元郡山市議会議長、元福島県農青連委員長、元区長、社会福祉協議会会長、老人会会長、ボランティア協会会長、ＪＡ三穂田支店長、共有林組合長、医療生協支部長、区長ＯＢの会会長、前三穂田行政センター長、三穂田納税組合長、商工会会長、神社氏子総代などである。

「産廃処分場設置阻止の新たなとりくみに向けて！『会』の発足と講演の夕べ」のチラシ

が三穂田全世帯に配布された。チラシは、地元の塩ノ原、芦ノ口、山口と松本が区長の大谷を除く八区で区長の指示による区ルートで配られた。

三十七人の呼びかけは、先行きを心配していた多くの町民に受け入れられた。

地元のひとつである膳部の渋井区長は、この呼びかけを真摯に受けとめ、自らチラシを区内に配布したが、後日、「『水と環境を守る会』の地元役員から叱責された」と知人に漏らしている。

2 いよいよ結成

「たたかわなければつくられる」

三月二十九日、三穂田公民館の会場は、一一〇人を越える参加者で埋まった。新たな住民団体の結成である。

総会の開会を待つ間、会場には何ともいえない緊張感が漂っていた。会場には呼びかけ人となった殆んどのメンバーが顔を揃えていた。

冒頭、開会あいさつに立った橋爪は

「……新しい会をつくれば阻止できるのかという意見もありますが、やってみなければ判りません。ただ、このまま何もやらないでいたら、処分場は九割九分つくられると思って間違いないと思います。みんなのこれからの頑張りにかかっていると思いますので、会の結成には是非ご賛同いただき、今後の運動にご協力をお願いします」

と訴えた。

〝たたかわなければつくられてしまう〟というこのあいさつは、運動の原点とその本質を見事についている。

結成総会を前に講演が行われた。「竹ノ内産廃からいのちと環境を守る会」の岡久事務局長から〝いのちを守るために、いっときも運動の手はゆるめられない〟と題して、村田町の深刻な健康被害と風評被害の実態が報告された。

すでに、現地視察に行ったり、塩ノ原の臨時総会での報告でその状況を知っていた参加者以外は、初めて聞く惨たんたる実態に息を呑んだ。

岡事務局長は、実態報告だけでなく、「しっかりした住民運動がなければ阻止は出来ない」として、反対運動の取り組み方についてそのポイントを指摘した。内容は、昨年の竹ノ内処分場視察時のアドバイスと同じである。加えて今回の新たな「会」発足を歓迎し、期待する旨のメッセージが込められていた。

総会の主催者あいさつを行った植木益男は、「水と環境を守る会」の増本事務局長と同じ芦ノ口区に住んでいるが、三穂田区長会の副会長を務めた経歴の持ち主で、新たな会の結成呼びかけ人になっている。区長をはじめ区の三役が今回の「会」結成には同調せず、一線を画す態度をとっているなかで呼びかけ人を引き受けるには並々ならぬ勇気と決断が必要だったという。

植木は吉川とは小中学校の同級生で、中学時代は、野球部員同士で共に白球を追った仲である。後に「大変ななかで吉川君がやるというのに断る訳にいかないよ」と言われた時の植木の表情は、いまでも忘れられない。区三役に気兼ねして、圧倒的な区民が新たな「会」の結成に同調できないでいる困難な状況のなかで決意してくれた植木には、頭の下がる思いだった。

経過報告はこれまでのいきさつから、柳内が行った。柳内は、二十一万余の署名運動集約を評価しながらも、

「署名提出であとは模様眺めということでは、必ず悔いが残ると思います。みんなからこれでストップできるのかと聞かれますが、いまの状況では答えることが出来ません。一軒一軒から五〇〇円貰ってる手前、阻止するまで引き続き頑張りますといえる運動をしなければ区長としても無責任になってしまいます。俺たちはそう思い、きょうの準備をしてきました」

と前置きして、三十七人の呼びかけ人の承諾を得るまでの経過を報告をした。

飯沢清司が会則の提案と会の結成、運動方針の提案をした。飯沢は郡山医療生協の三穂田

支部長で、昨年の支部総会では、いち早く反対運動への参加を決議している。

「なぜ二つつくるんだ」

提案が終わるや否や、参加者から率直な質問と意見が出された。

「なぜ二つつくるんだ、分派活動にならないのか」

「『水と環境を守る会』は承知してるのか」

「二つつくったら、区のなかにしこりができるぞ」

「この会が出来れば、処分場はストップさせられるのか」

「地元四区の区長たちはこの会に反対してるようだが、大丈夫か」

「もっと『水と環境を守る会』と話し合って一緒にやるように出来ないのか」

どれも批判のための批判ではなく、いずれも、善意からの発言である。

「今日の会結成よびかけチラシにも書いてある通り、『水と環境を守る会』とは相呼応し、連携しながら運動を進めていく考えであることを伝えてあります。『水と環境を守る会』は署名提出で運動は一段落といっており、処分場阻止に向けて運動を継続する目的でこの会を結成することに稲葉君らは特に異論は唱えていません。こちらは、一緒にやろうと話していますが、彼らからは、まだ、何とも言ってきていません……」

柳内は、質問に丁寧に答えた。

「開会のあいさつでも話しましたが、このまま動きを止めてしまったら、つくられてしまいます……つくられたらどんな被害が心配されるのか、法律で打つ手はないのかなど、今すぐにでもやらなければならないことが、いっぱいあるといわれています……、俺も『水と環境を守る会』の役員ですが、あの会では、当面これ以上の活動はやらないと言っています。この会をつくらなければ大変なことになります」

とつとつではあるが橋爪が会結成の必要性を熱っぽく訴えた。

会場のあちこちで「今のままでは危ないっていうなら……」と、賛意の声も上がり、おおかたの議論が尽くされて、拍手で会の結成と運動方針が承認された。

「産廃処分場建設に反対し　いのちと環境を守る会」の誕生である。

確認された運動方針は次の通りである。

①専門家の協力を得て、自然環境の調査や大気・水路・地下水・土壌など、生活環境への影響調査の活動を急いで行う。

②これらの調査に基づく科学的根拠を示し、市長に不許可の決断を求める交渉をねばり強く行う。

③業者への対応で手落ちのないよう対策を講ずる。

④地主に対する申し入れを行う。

⑤法的対策も検討するため、弁護団との打ち合わせを行う。

⑥いわき市をはじめ、県内外でとりくまれている産廃処分場建設反対運動との交流を行い、先進的な経験に学び、運動に生かしていく。
⑦会の運動やとりくみの状況などについては随時、ニュース等で全町民に報告していく。
⑧郡山市民を対象にした宣伝活動にもとりくんでいく。
⑨必要に応じ適宜、講演会や決起大会などの意思結集の場を設ける。
⑩各地区ごとに、報告・懇談会を開催する。
⑪その他、産廃処分場建設阻止のため、必要なあらゆる運動にとりくむ。
さらに、財政方針では
①郡山市民をはじめ、広範な団体や企業を対象にした募金活動を早急に開始する。
②物品のあっせん等、財政活動にとりくむ。
③バザーや、そば祭りなど楽しい行事も計画し、財政づくりに寄与する。
が確認された。

「俺たちに頼んでおいて、自分らはなぜ役員にならないんだ」

これら方針が採択され、役員選出に移った。
この種の団体での役員選出は一般的にはスムーズに運ぶものであるが、提案された名簿に冒頭から異論が続出した。

「橋爪君や柳内君が役員に入ってないようだが、なんでだ」

「俺たちに頼んでおいて、自分たちが入んないのはおかしいではないか」

「これまで段どってきたあんたらが、先頭に立つべきではないか」

「これでは、あまりに無責任だぞ」

「あんたらがやらないなら、俺引き受けられないよ」

これまで「会」結成のために奔走してきた橋爪や柳内らが、役員メンバーに入ってないのだから、もっともな意見である。

区長たちが誰も役員に入っていないこの役員構成には、それなりの理由があった。橋爪や柳内をはじめ、すべての区長が「水と環境を守る会」の役員になっているため、双方の役員を兼務することは、不必要な混乱を招く恐れがあると判断したからである。むしろ、「水と環境を守る会」との連携を呼びかけている手前、「分裂」といわれるようなことは出来ないというのが、最大の理由である。

こうした事情を説明せず提案したことが混乱の要因となった。

柳内からこれらの事情を説明したものの、納得は得られなかった。

「これまでのいきさつが判るあんたたちがいなくて『会』がうまくいくのか」

「俺たちに任せると言われても、とても無理だし、やる自信などないよ」

「あちらの会は、どうせ、たいしたことやらないようだし、遠慮しないで、こっちの運動ドンドンやったらいいんじゃないのか」

「やっぱり、あんたらが入んないとだめだな」

意見と注文が相次いだ。

「我々が役員に入らないことを言わないで皆さんに頼んだことは大変申し訳ありませんでした。実は、これまで吉川さんともいろいろ相談して進めてきたし、吉川さんに事務局長をやって貰うようお願いしたので、今度は、ちゃんと活動出来ると思います。我々も役に付かなくても、一生懸命頑張りますので、何とか宜しくお願いします」

柳内の再度の訴えに、会場からの発言が一時、途絶えた。

「先ほどお話にありましたが、私に事務局長をやれいうことですが、率直にいって、産廃問題は初めてですし、自信はありません。みんなの力を寄せ集めなければ何も出来ないと思います。橋爪君や柳内さんには『相談役』になって貰って、『水と環境を守る会』とのパイプ役になって貰ったらどうかと思いますが……。勿論、これまで通り運動の先頭にたって貰うことを条件にですが……」と吉川が発言した。

「それじゃ、そうするしかねーが！」

会場から、つぶやきに似た発言があり採決に入った。

その結果、顧問四人、代表幹事九人、幹事二十二人、会計監査二人、事務局長一人、計三十八人の役員が全員一致で選出された。

吉川を除く三十七人の顔ぶれは、結成呼びかけ人になったメンバー全員である。勿論、橋爪や柳内など四人の区長は相談役に就任した。

役員の就任に当っては、自主的な住民団体の鉄則である個人の資格によることを確認した。

多彩なメンバーが役員に

全国の例などから、業者によるさまざまな策動の集中が予想されるため、会の代表役員を会長・副会長とせず、九人の代表幹事制とした。

代表幹事には、経験豊富なベテランが就任した。地元四区からは、現地塩ノ原の元区長保科三夫、山口元区長で地元四区老人会長の名木仁巳、膳部地区は前区長の伊原昭吉、芦ノ口地区は総会の主催者あいさつをした元三穂田区長会副会長の植木益男がそれぞれ就任した。四区以外からは、前下守屋区長の村越喜一、三穂田町社会福祉協議会々長須藤利市、三穂田青少年健全育成協議会長栗田侃、郡山医療生協三穂田支部長飯沢晴司、元駒屋区長で民生委員の橋浦祐三の五人が就任した。

名木は、「水と環境を守る会」の実質責任者であり区長でもある稲葉と同じ山口に住んでいる。稲葉らが大沢を理不尽極まりないやりかたで排除した経過を承知の上で代表幹事を引き受けた名木の決断は、並大抵ではなかった。大沢の例を考えれば区民からの孤立化策動だって予想される状況下にある。案の定、一部区民のなかには稲葉に気兼ねするかのように、こと産廃問題に限っての言動は避けるという状況も生まれた。しかし名木は困難に直面しても「必ずわかってくれる時がくる」と区民を信じて粘り強く活動を続けた。

全議題が終了し、顧問に就任した元郡山市議会議長の樫本克己が役員を代表して、あいさつした。

「我々は引退組でからだは動かないが、出来ることはやっていくつもりでいます。処分場がつくられたら、これは大変なことになります。みんなの一致した力で、何としても阻止しなければなりません。今日は、新たな第一歩です。共に頑張っていきましょう」

樫本の決意を込めたあいさつに勇気づけられた参加者から大きな拍手がわき起こった。

午後七時から始まった総会が終了したのは、午後九時を回っていた。活発な意見交換と白熱した議論の作法は、その後の役員会などでの協議に引き継がれていった。

総会終了後の後片付けをしながら、大沢が吉川に話しかけてきた。

「いよいよこれからが本番だと思うんだけど、しっかりした事務局体制づくりがカギじゃないかな。俺も入るつもりだが、人選の見通しはついてるのかい」

昨年、口惜しい想いをしたこの会場で、今度は確信を持って活動出来る場が用意されたことに、大沢の表情は満足気だった。

「何人かは頭の中にはあるが、まだ、具体的には打診はしていないよ。正式に事務局長ということになったのでこれから急いでやろうと思ってるが、義行君も名前をあげてくれないかな」

事務局体制づくりは、事務局長が責任を持って行うよう総会で確認されたので、大沢とも相談しながら、若手を中心にリストアップし、就任を要請した結果、十一人が応諾した。大沢をはじめ、「水と環境を守る会」から排除された清野と久美、二月の懇談会で「いま、ここの場で新しい会の結成を」と提案した高山は二つ返事で承諾した。

事務局づくりに奔走しているのを見て、「吉川君が事務局長やるなら」と中学校の同級生、松村政喜、梅本勇治、鈴井幸伸が就任を申し出てきた。

松村と鈴井は地元四区のなかの膳部に住んでおり、区長の協力が得られない困難な状況のなかで、区民に対し真剣に「守る会」の活動内容を知らせ、活動への参加を訴え続けた。もともと謙虚で区民からの信頼が高い二人だけに、「守る会」運動は区民の共感を広めていった。

このメンバーに加え、元穂積小学校ＰＴＡ会長の蓮沼正夫、川田区の若手評議員古沢富雄、詐欺的商法を行った農機店の倒産に伴う「被害者の会」の事務局長を務め、問題解決に力を注いだ片岡広由の若手三人が、あらたに事務局入りを承諾した。

佳子は、機関紙発行や実務全般を担当するための事務局員として活動することを承諾した。

若手六人、ベテラン五人のバランスのとれた布陣となり、多彩で強力な事務局体制の確立となった。

地元四区の区長が一線画すのはなぜ

「会」結成三日後の四月一日、「いのちと環境を守る会ニュース№1」が発行された。結成総会の内容や役員名簿などが載ったこのニュースは、三穂田町内全世帯一、二〇〇戸に漏れなく配布された。

地元四区と大谷区を除く七つの区は、区長の協力で、区の配布ルートで配られたが、この五つの区では、区長の協力が得られず、それぞれの区の「会」役員が配布した。

一方、「水と環境を守る会」関連の文書類だけは、これら五つの区を含む三穂田の十二の全ての区で、区の配布ルートで配布されている。この配布体制は、処分場阻止が実現する最後まで続いた。地元四区の区長たちのこうした対応は、「水と環境を守る会」の代表であることを理由にしたようであるが、後に三穂田区長会の会長に就任した大谷区の松本区長がなぜ協力を拒んだのか、その理由は定かでない。

こうしたなかで梅本は、区長の協力が得られない状況のもとで「守る会」事務局員として前面に出ながら、反対運動に心血を注いだ。梅本の確固とした信念と行動力には、「いのちと環境を守る会」運動に人一倍異議を唱えている松本区長ですら、物申すことはしなかった。

結成のあとさきはあるにしても、「水と環境を守る会」も「いのちと環境を守る会」のどちらも、処分場建設に反対する「任意の住民団体」である。従って、「公的」な立場にあるとする区長としては、両団体を同等に扱わなければならないことは自明の理である。この五人の区長の対応に対して、当然町民からは疑問の声が上がったが、五人の区長たちは最後までその態度を変えなかった。

3　許せない行政の態度

「地元の同意なしに許可しないで」

二〇〇五年（平成十七年）四月十二日、「産廃処分場建設に反対し　いのちと環境を守る会」結成の報告をし、処分場建設を許可しないよう申し入れるため、「会」代表が郡山市役所に出向いた。代表団の到着を待って、すでに廃棄物対策課窓口カウンターを挟んで椅子が並べられていた。

「会」を結成して初めての市との交渉である。

交渉には「会」から、代表幹事の保科、植木、飯沢、相談役の柳内、事務局長の吉川、事務局員の高山ら七人が参加し、市側からは、この四月から次長に昇進した山崎喜造環境衛生部次長、松本行光廃棄物対策課長、芳賀信朝課長補佐ら六人が応対した。

それぞれ、自己紹介と名刺交換を行い、吉川が「会ニュース№１」など「会」結成の関係資料を手渡し、「会」の目的や役員メンバーの紹介などを行い懇談に入った。

双方初対面でもあり、張り詰めた雰囲気のなかで話し合いが始まった。特に山崎次長などは、代表団一人ひとりを確かめるように見渡しながら、説明を聞いていた。

「会」の説明をひと通り行ったところで、吉川がズバリ本題に入り、市の見解を求めながら交渉の口火を切った。

「業者による申請手続きはどこまで進んでおりますか」

「提出された事業計画書を受理し、二十三部局課の意見をとりまとめ、現地を調査して設置予定者に二〇〇五年三月四日に通知しました」

「通知の内容はどのようなものですか」

「内容は申し上げられませんが、市長の意見を付して通知しています」

「設置予定地は、『国土調査』がまだ行われていないので、閉鎖字切図しかない場所の筈ですが、提出されている図面はどんなものですか」

「完全なものではありませんので、その点は、通知のなかで指摘しています」

「搬入道路はどこになっていますか」

「まだ表示されていません」

「地元住民の同意書は付いていますか」

「この点も通知で指摘しております。市の指導要綱では添付書類になっていますので、指導していきたいと考えています」

「住民の同意がないまま、市長が設置を許可するようなことはないでしょうね」

それまで黙ってやりとりを聞いていた山崎次長が「郡山市産業廃棄物処理指導要綱」と「廃棄物処理施設設置に係る事務手続き」の二つの書類を差し出し、「差し上げますので、参考にして下さい」と言いながら会話のなかに入り、説明を始めた。

この「……事務手続き」の書類が、後に意外なことから問題になってくるのである。

「結論からいって法律（廃掃法）を超えた取り扱いは出来ません。法律では住民同意を許可条件にはしておりません。しかし、市としては同意書の添付を重視しています」

「環境影響評価は県の環境アセスに基づいて行うことになりますか」

「県の環境アセスメント条例では、処分場面積五〇、〇〇〇平方メートル以上、埋立て容量二五〇、〇〇〇立方メートル以上、いずれかが該当する場合必要となりますが、この計画はどちらもそれ未満なので該当しないようです。しかし、廃棄物処理法では、環境影響調査を行わなければならないことになっておりますので、それに基づいて行ってもらうようになります」

「環境アセスのように事前に住民が関与出来るようになっていますか」

「……」

「次長もすでにご承知と思いますが、地主側が予定地で違法な手続きによる分筆登記を行っていますが、市はどう考えていますか」

「法律的な問題ですので市がコメントする立場にはありません。この分筆問題が許可条件に直接関係することにはならないと思います。住民のみなさんが問題にすることそれ自体は分りますが……」

対市交渉など初体験のため、参加者のなかには何かしら淡い期待があったのも事実である。しかし、市側の形式的な建前論を聞くうちに、もどかしさといら立ちが込み上げてくるのを抑えることが出来なかった。

冷静に考えれば、もともと処分場設置の促進を基本とする廃棄物処理法に基づく手続きや行政指導についての応答なので当然といえば当然かもしれないが、腹の虫が収まらなかった。

「それでは、会として次のことについて要請しますので、ご検討下さい」

吉川が語気を強めながら具体的な事項について切り出した。

「一つは、環境影響調査についてですが、これは我々住民にとって極めて重要なものなので、県の条例に準じ、方法書、準備書の各段階で公告、縦覧、意見書提出等の手順ですすめ、住民や専門家などが関与できるようにして下さい。このことは強くお願いしておきます。二つめは、地元や周辺住民の同意なしに許可をしないで下さい。三つめは、搬入道路となる市道の拡幅や回転路の設置などは、絶対に行わないで下さい」

市側は、なんのコメントもせず、ただ聞き置くという態度だった。こうした市側の態度に業を煮やした吉川は、山崎次長に市のとるべき対応について厳しく迫った。
「予定地は、いうまでもなく郡山市の水源地であり、貴重な自然の宝庫です。希少野生生物の生息も確認されています。予定地は、市の基本理念である〝水と緑がきらめく未来都市郡山〟を象徴するような所で、処分場設置場所としては完全に不適格な地域です。木を見て森を見ないようなことにならないよう慎重に対応して下さい。二十一万の市民の署名もありますので、絶対に許可しないで頂きたい。万が一、許可をして、問題が起これればすべて市の責任になります。宮城県村田町の竹ノ内処分場の不法投棄物の全量撤去には七〇〇億円以上かかると言われています。後に市民の血税で尻拭いするような事態にならないようにするためにも絶対に許可しないで下さい。いま私が申し上げたことをありのまま市長にお伝え下さい」

「ノスリの巣だ」

いつもの通り清野は、愛犬「武蔵」と連れ立って朝の散歩に出た。高旗山から吹き降ろすさわやかな風が頬を撫ぜ爽快だ。
この澄み切った青空と芽吹き始めた淡緑のコントラストを眼前で享受出来るのは、この林境に住む者の特権かもしれない。静まりかえる山間から聞こえる清流のせせらぎは、まだ覚めやらぬ身体を目覚めさせてくれる。

四月十七日朝、時計の針は午前五時を指している。

「今日は日曜日で時間もあるし、山越えして県道まで出てみるか」。「武蔵」に語りかけながら、処分場が予定されている沢から山に入った。

林境団地は、塩ノ原集落から西に約一キロメートル余り入った山間地を切り開いた山裾にある。処分場予定場所の沢から尾根に出て塩ノ原集落西側を南北に走る県道長沼・喜久田線まで出るには、幾つもの尾根と大小さまざまな沢を越えなければならない。

〈何か、貴重な植物がないかな〉ひとり呟き、足元を見ながら沢づたいに歩いているうち、方向感覚を失いそうになってしまった。これといった珍しい生物は見当たらなかった。

結構、山は深い。

〈まさか、まだ熊は出ないだろうな〉一瞬、背筋がゾォッとしたが、「武蔵」が平然と駆け回っているのを見て、平静に戻った。

沢を登り、尾根づたいに歩く繰り返しで、どこをどう歩いているのか見当がつかない。それでも東の方向に進んでいることは間違いないと確信して一時間半近く歩いた。

その時突然、頭上から「ピィーイ、ピィーイ」というけたたましい鳥の鳴き声が聞こえてきた。

見上げると、腹の部分が白く、トビのような野鳥が、自分の上を旋回している。この一羽が北側の尾根の陰に消えた途端、今度は南側から、少し大きめの同じ形をした野鳥が、さらに激しい鳴き声をあげて、頭上十数メートルのところまで迫る勢いで飛び回っている。北側に去ったもう一羽も合流し、二羽が邪魔者を追い払うかのように旋回し続けた。

〈この二羽は、猛禽類のつがいだ。侵入者を警戒しているのをみると、付近に巣があるかもしれない。もしかしてオオタカでは……〉

胸の高鳴りを抑えることが出来ず〈早く知らせなければ〉と山を下りかけ、ふと、木々の間から前を見ると、二〇〇メートルそこその所に民家があるのが見えた。

県道に出て、「武蔵」と競争しながら駆け足で自宅に戻り、吉川宅に車を走らせた。

「吉川さん、オオタカの巣が……」

堰を切ったように大声で駆け込む清野に、まだ眠気まなこの吉川は、〈朝早くから、何をわめいているのか〉と直ぐに状況を理解することが出来なかった。

清野の報告を受け、ただちに野鳥の営巣を確認するための自然観察会が計画された。四月二十三日、横田や佐藤教彦ら「福島県自然保護協会」のメンバー九人が駆けつけてきた。地元からの参加者も含め、二十名を超えるメンバーが山に入った。

清野はあいにく仕事で参加出来ないため、狩猟で山歩きが達者な川辺勝正が案内役をかって出た。清野によれば、予想される場所はもと田んぼだった湿原を登った沼の跡地付近ではないかという。

川辺を先頭に目的の方向に進もうとするが、混みいった野バラや雑木の藪に阻まれて、なかなか進めない。ようやく湿地帯に出てしばらく歩き、沼の跡地に差しかかった。

そのとき、

「あれはなんだ」

川辺が前方を指差し大声を上げた。

「ノスリの巣だ」

川辺の後に着いていた横田が間髪をいれずに甲高い声をあげた。

先ほどから頭上では、つがいのノスリが、けたたましい鳴き声を上げながら、激しく飛び回っている。

「写真を撮って急いでこの場を離れましょう。ノスリは神経質な鳥なので、あまり刺激を与えると、巣を放棄してしまいますので……」

いつも冷静な横田が珍しく興奮気味に参加者に声をかけながら、シャッターを押している。

巣は、なだらかな沢を挟んだ東側の西向き斜面の松の木先端部分に作られている。一帯は大木が立ち並ぶ松林である。沢西側の東向き斜面の尾根は高く、巣への風当りは少ないようである。

横田の指示でただちにその場を離れ、ノスリが落ち着くのを確認しながら、次の観察場所に移った。

ノスリはタカ科の野鳥で、福島県レッドデータリストの準絶滅危惧種に分類されている。

発見されたノスリの巣

昨今の森林伐採や里山開発などで、営巣場所や採餌場所が少なくなり、絶滅が危惧されている。

「ノスリの営巣場所が見つかるのは珍しいです。今日の発見は極めて貴重です。ただちに県のレッドデータリストに登録します。先ほども言いましたが、ノスリは大変神経質な野鳥ですので、巣の近くには近寄らないで下さい。また、営巣場所は今日参加した方以外の人に口外しないようにして下さい。是非、めったに出来ない雛の成育と巣立ちまで観察・確認したいと思ってますので」

横田の話に地元参加者は改めて、今日の発見が、いかに大きな出来事であったかを確かめ合った。

「やっぱりありましたか。ノスリでしたか。処分場、ストップ出来ますかね……」

吉川から電話連絡を受けた清野は、仕事中の同僚への気兼ねなど忘れたかのように興奮して大声を上げた。

　営巣が確認されてから、ノスリの生態観察は、営巣場所から一定の距離をおいたところからより慎重にかつ綿密に続けられた。ヒナが孵化し、成育しているかどうかを確かめるためである。同時に営巣場所が一般に知れわたり、人びとが頻繁に巣に近づけば、警戒心の強いノスリは営巣活動を断念し巣を放棄してしまう危険があるため、二十三日の巣の発見に立ち会った参加者以外には口外しないようにした。

　巣から二〇〇メートルほど東側の県道沿いに樫村久の住宅がある。樫村の宅地は西端が高台になっており、ノスリを刺激しないで観察するには絶好の場所である。横田からの要請を受けた保科は早速、樫村に観察地としてこの場所を提供してくれるよう依頼した。樫村は二つ返事で了解し、薮状態になっていた一帯をきれいに刈り取ってくれた。以来、自然保護協会と「守る会」メンバーがこの場所で観察を続けた。

　それを機に樫村夫妻も観察に参加し、双眼鏡をのぞきながら、人一倍ノスリへの愛着を深めていった。そして「これは我が家のノスリだよ」と冗談まじりに話しながら、毎日見ているノスリの動きを観察メンバーに報告した。これをきっかけに樫村は「守る会」幹事になり、積極的に反対運動に参加してきた。

　営巣確認から一ヵ月、ヒナに餌を運ぶ親鳥の姿を確認した。「福島県自然保護協会」の援助を受けて、根気強く観察に取り組んできた大きな成果である。

自然観察会はいつも午前中に行われ、昼食を挟んで、観察結果の報告と懇談が行われる。この昼食会が、「自然保護協会」と「守る会」のコミュニケーションの場として、有意義な時間であると同時に楽しいひと時ともなっている。

昼食の準備は、保科の妻光子と吉川の妻佳子が毎回行っている。光子は控え目な性格で日ごろあまり目立たないように見えるが、産廃問題には人一倍強い関心を持っており、保科の活動を支えながら、自らも活動に参加している。

「巣に案内してくれ――テレビ取材したいので」

「是非、取材したいので、巣の場所に案内してくれませんか」

NHKの畠山博幸記者から吉川に電話が入った。

「それは出来ません。二十五日の共同記者会見で発表するまで、取材には応じられませんので……」

「二十五日前には報道しませんので、カメラの撮影だけでいいですから、なんとかなりませんか」

「でもNHKさんだけが事前にとなると、ほかの局との関係が……」

「よその局からも取材の申し出があるんですか」

「いや、ほかからはありませんが」

ノスリ営巣発見で記者会見

「それなら問題ないでしょう。記者会見の前には絶対報道しませんので……お願いします」

「巣の場所はダメです。離れたところからノスリが飛び回るのを映すのなら……」

「それでいいので……」

畠山の熱意に吉川は撮影を承諾せざるを得なかった。畠山の粘り勝ちである。

五月二十三日、巣から二〇〇メートルほど離れた観察場所にNHKの撮影スタッフがカメラをかまえた。二時間が経った。間もなく正午になろうとしている。いつもなら、朝から活発に飛び回るノスリが今日に限って、全く姿を見せない。

「カメラを見つけられたかな」

誰かがつぶやいた。そのとき、つぶやきを聞いたかのように、親鳥一羽が森の陰から勢いよく現れ、旋回を始めた。その時間約二分間、撮影は見事成功した。

五月二十五日、郡山市役所記者クラブには、テレビ、新聞各社がカメラを構え、大勢の記者たちが待機していた。会見には「自然保護協会」の横田と佐藤、守る会から保科と吉川が臨んだ。

「ノスリの営巣とヒナの孵化が確認されました。処分場予定地から数百メートルのところでヒナは順調に成育しています。ノスリは、県のレッドデータブックに準絶滅危惧種として指定されているタカ科の野鳥です。ノスリの営巣とヒナの成育が確認されるのは、極めて珍しいことで、今回の発見は貴重です」

横田の説明にカメラのフラッシュが一斉に光り、テレビカメラのライトが照らされた。

「この他にこれまで、オオタカやサシバ、トウホクサンショウウオなどの生息も確認されています。食物連鎖の頂点に位置するワシ・タカ類が生息するのは、調和のとれた生態系であることの証拠です。なんとかこのまま調和のとれた豊かな自然として保存したいものです」

佐藤は、生態系の成り立ちを説明しながら、自然保護の大切さを訴えた。

記者会見の模様はテレビ局各社が夕方のローカルニュースで大きく報道した。

特にNHKは、ローカルニューストップ扱いで、アナウンサーが冒頭「これがノスリです」と紹介し、二十三日撮影のノスリが飛翔する姿を五〇秒にわたり流しながら、「……このノスリの巣が新たに確認されたのは、郡山市三穂田町に栃木県の業者が建設を予定している産業廃棄物処分場予定地の周辺です。地元の『産廃処分場建設に反対し　いのちと環境を守る会』と『県自然保護協会』は、ノスリが周辺の木に巣をつくってヒナを育てていることを確認したと発表しました。このほかにも周辺で絶滅の恐れが高いオオタカが飛んでいるのが確認されたということで、守る会などでは近く、郡山市に自然環境を守るため、処分場の建設を認めるべきではないと申し入れることにしています……」との会見内容を解説しながら、二分近くにわたり、ノスリの生態や産廃問題について報道した。

翌二十六日の新聞各紙も、ノスリと発見された巣の写真を掲載して大きく取り上げた。

これらマスコミの報道で、三穂田の産廃問題が広く県民に知られることとなり、その後の運動の広がりと世論の高まりのきっかけとなった。

「でたらめ書くな」

自然観察活動と並行して活動方針が具体化され、さまざまな取り組みが始まった。

四月二十九日に開かれた第一回役員会には三十一人が参加し、当面する活動について話し合われ、次のことが確認された。

①町内各区長を訪問し協力を要請する。
②自然観察活動を継続する（あらためて、県自然保護協会へ協力の要請をする）。
③法律事務所など関係方面に対する協力要請の訪問を行う。

④処分場予定地周辺と隣接地一帯の現地調査を行う。
⑤業者による地元住民への働きかけが予想されるので、区民が一致結束して対応するよう、意思統一する手立てをする。
⑥業者筋による搬入道路拡幅のための用地買収と思われる動きがあるので、買収に応じないよう周辺土地所有者に要請・周知していく。
⑦専門家に要請して、予定地周辺の地質、地下水脈、水路状況等の調査を行う。
⑧事務局の任務分担を行う。
⑨業者が市に提出した書類、市の審査内容とその結果、市が業者に通知した内容等の公文書の開示請求をし、その中身を検討する。
⑩市長に対し処分場の設置を許可しないよう申し入れる。
⑪市議会各会派への協力・支援の要請を行う。
⑫「守る会ニュース」の定期発行につとめ、全戸配布を継続する。
⑬運動資金確保のための募金活動を開始する。

その後、これらの方針は、着実に実行に移されていった。五月一日付で「守る会ニュースNo.2」が発行された。

「事業計画書——一次審査完了~市が業者に正式通知」との見出しで、いよいよ、業者が地元説明会の開催や個別訪問などを行い、市との間では手続き上の調整の段階に入ったことを知らせる内容である。

このニュースを見た町民の間から不安とあせりの声が上がった。しかし一方で不可解な動きも出てきた。

「吉川さんが書いているニュースはでたらめで、市では、そのニュースを見たいので持ってきて欲しいと言っている。市は、でたらめを書かれ大変迷惑しているようで、カンカンになって怒っている」

地元塩ノ原の一部から流布されたこの噂は、具体的な内容は不明のまま、町内各地に広がっていった。「水と環境を守る会」が「いのちと環境を守る会」運動と一線を画している状況のもとで、各方面からいろいろな中傷が加えられていることを考え合わせれば、裏で何らかの力が働いていることは容易に、推測することができる。

役員会決定に基づき六月七日、市長との面談の申し入れ書を提出するため、保科、植木、吉川が市役所を訪問した。環境衛生部長室には、三浦信夫部長、山崎次長、松本廃棄物対策課長ら七〜八人が待機していたが、部長室に入った瞬間、部長室には異様な雰囲気が漂っていた。

お互いに自己紹介をし、名刺交換を行ったあと、保科から三浦部長に市長宛の「産業廃棄物処分場設置問題に関する面談申し入れ」が手渡された。申し入れ内容は、①処分場予定地周辺の自然観察内容とその結果の報告、②処分場設置問題に関する要請の二項目で、代表幹事九人の連名による申し入れ書である。

「市長の都合のいい日時を指定していただいて、是非会っていただくようお手配下さい。出来るだけ早くお願いしたいので、ご連絡お待ちしています」

「申し入れの趣旨は分かりました。市長がお会いできるかどうかお約束はできませんが、お預かりしておきます」

吉川の申し入れに対する三浦部長の対応は、いささか形式的で官僚的なものだった。

申し入れの話し合いが一区切りついたところで突然、山崎次長が「守る会ニュース№２」にクレームをつけてきた。

「あのニュースは何ですか。第一次審査などやってませんよ。マスコミに三〇分も責められ大変苦労してます。でたらめを書かれては困ります。この文書、見てください。この段階で審査なんかすることになってませんよ……」

山崎次長は、「産業廃棄物処理設置に関する事前協議のフローについて」なる文書を吉川に手渡しながら語気を強めて言い寄った。そして身を乗り出しながら続けた。

「市当局との交渉などと書いていますが、四月十二日に皆さんと会ったのは、交渉なんかではありません。事実を正確に書いてもらいたいですね。今後は、いい加減なことを書かないようにして下さい……」

山崎次長の話を聞きながら吉川はとっさに「これだな」と直感した。地元で流されているデマ宣伝が山崎のこの話とピッタリ結びつくのである。

「なにがでたらめだ」

「次長、ちょっと待って下さい。ニュースはでたらめなどではありません。四月十二日にあなたから直接いただいた文書を見て書いていますので、間違いない筈です。たしか、手続きについてのフローチャートのような書類でしたが、業者への通知前に内容審査をやるようになってたと思いますよ」

「いや、そんな文書はない筈です。いま皆さんにあげたもの以外はありませんので……、なぁ！　後にも先にもこれ以外は無いもんなぁ！」

「ありません」

同席していた担当課の職員たちが口をそろえて山崎の問いかけに応えた。

「なお、帰って確かめてみますが、もし、間違っていたらお詫びしますし、三穂田全域に訂正の文書を配りたいと思います。ところで次長、それを言うなら、松本課長が『……ノスリの営巣が見つかっただけでは建設不許可にはならない』と新聞で二百万県民に向けコメントしていますが、その方が重大ですよ。あまりに無責任ではないですか。読みようによっては、自然環境は関係無い、条件が整えば許可する、ととられかねません。今の段階でこんな発言をすること自体、無神経じゃないですか。〝水と緑がきらめく未来都市郡山〟の市の理念にも真っ向から反するんではないですか。その発言こそ、撤回すべきですよ」

「いや、そんな意味で言っているのではありません。ノスリの営巣だけが許可、不許可の条件ではない、ルールに従って審査すると言っただけです」

吉川の追及に松本課長ではなく、山崎次長が弁明した。

「ところで、四月十二日のは交渉ではないと言いますが、いったいあれは何だったんですか。市の見解を求め、要望事項を申し入れることが、交渉でなくてなんですか。私たちはそれを対市交渉と言ってるんです。なぜそんなことを問題にするのですか。さっきのニュースのこともそうですが、われわれの運動に敵対していると言われても仕方がないんじゃないですか。三穂田の住民は真剣なんですよ、住民運動に混乱を持ち込むようなことはしないで下さい」

吉川の抗議に山崎次長が反論しようと口を開いた時、保科が中に割って入った。

「まぁまぁー、われわれはサンパイで頭がイッパイなんで、今日はこの辺で……」

お互いに言い分を残しながら、この日の交渉は終わった。

〈やっぱり、審査することになってる〉。自宅に戻った吉川がファイルをめくりながら声をあげた。保科、植木も覗き込み、再度書類を確認した。〝二〇〇五年四月十二日、対市交渉で山崎次長より受領〟とメモされたA3版の文書「産業廃棄物処理施設設置に係る事務手続き」には、事業計画書提出（設置予定者）—処理施設設置予定地の調査・関係部局課の意見の取りまとめ・事業計画書の内容審査（市長）—設置予定者へ通知—と明確に記載されている。

「そんな文書は無いと、あれだけ言い切っていたのに、これはなんだ、ちゃんとあるじゃないか」

吉川は、廃棄物対策課にファックスを入れ、山崎次長に電話をした。

「この文書は、あなたから直接いただいたものですが、これはなんですか。内容審査と書いてあるんじゃないですか。この文書を見て書いたニュースがなぜデタラメなのですか……」

「あ！　あれは、前のもので、今は、今日差し上げたもので行っています。大変申し訳なかったです」

吉川に動かぬ証拠を示された山崎次長の対応は、手の平を返したように丁重だったが、その話しぶりは、いかにも官僚的でいんぎん無礼そのものだった。

市長、「会」との面談を拒否

市長への面談申し入れから二日後の六月九日付で、市長名の回答書が届いた。

「……事業計画者に対して『郡山市産業廃棄物処理指導要綱』に基づく行政指導を行っている状況にありますことから、この指導内容に関しまして全く審査も行わない段階で市長としての見解を示すことは、適当でないものと考えます。従いまして、申し入れのありました面談につきましては、現時点では残念ながら貴意に沿いかねますので、ご理解いただくようお願い申し上げます。……」

面談拒否の回答である。

もともと申し入れは、市長に処分場設置の諾否について、この段階で即答を求めているものではなく、マスコミでも大きく報道された絶滅が危惧される野生動植物の生息状況などを報告し、自然環境と生活環境を守るため処分場の設置を許可しないよう要請するものである。

「周辺の環境や状況を知って、地元住民の意向をつかむことは、処分場を認めるか認めないかを判断するのに、いちばん大事なことではないのか。選挙の時、市民と対話しながら、などと言ってたが、なんだこれは。約束違反だべ。市民の話も聞けねえのか……」

役員会の会場には、不満と憤りが渦巻いた。

「役所の態度もおかしいし、いま業者の手続きがどうなってんのか、調べてみなくちゃなんねえのかなぁ。相手の動きをはっきりつかんで手を打たないと……」

柳内がつぶやきともとれる発言をし、吉川に対応を求めた。

「公文書の開示請求をして、業者と市のやりとり文書を全部取り寄せ、手続きの進み具合をつかむ必要があるので、すぐ手続きしたいと思います」

「それ、早くやったほうがいいな。吉川さんが知り合いの弁護士とも話し合ってるそうだが、弁護士ともちゃんと相談した方がいいと思うんだけど……」

「俺もそう思うけど、弁護士に頼んだら相当カネかかんでねえのかい。吉川さん、その辺はどうなんだい」

「その弁護士は、いわきの広田次男弁護士で、産廃反対運動を支援している『全国ゴミ弁連』という弁護士団体の事務局長で、前から付き合いのある先生なんだけど、われわれが守る会を結成したことを聞きつけ、心配して何回か電話をよこしてくれてんで、今の状況は説明してるけど……。勿論、正式に相談したり依頼などはしてないのでカネがどのくらいかかるかわかんないね……」

「そんな団体があるなら相談してみたらどうだい」

「前から広田先生に相談にのってもらわなければと考えていたんだけど、今日みんなの了解があれば、頼んでみたいと思うんだが……。カネの問題も相談にのってくれると思ってるんだけど」

「それも急いでやったほうがいいな」

「ゴミ弁連にバックに付いてもらったら力強いし、業者もびびっぺなぁ」

「ところで、市長が会わないなんてそのままにしておけないと思うよ。もう一回きちっと申し入れるべきでないかい」

あせりといら立ちから重い空気に包まれていた会場が局面打開を模索する雰囲気に変わり、たたかいの新たな取り組みに一歩踏み出す意思統一の場となっていった。

一方、これらの取り組みと並行して、自然観察会が頻度を高めて行なわれ、数々の希少野生生物の生息が確認されていった。予定地の尾根の反対側にある芦が沢池にモリアオガエルが産卵しているのが発見された。

七月十一日夕方、ＮＨＫテレビはローカルニュースでモリアオガエルと泡状の巣の映像をバックに、次のように報道した。

モリアオガエル

「郡山郊外の産業廃棄物処分場の予定地周辺に福島県が希少な生物としているモリアオガエルが生息していることが新たにわかった、と処分場建設に反対している団体が発表しました。モリアオガエルの生息が確認されたのは、郡山市三穂田町に栃木県の会社が、廃プラスチックやゴミくずなどを埋立て処分するために建設を計画している産業廃棄物処分場の予定地の周辺です。自然環境を調査した『産廃処分場建設に反対し　いのちと環境を守る会』と『県自然保護協会』は、予定地周辺の沼で県が希少な生物としているモリアオガエルが生息していることを確認した、と発表しました。『守る会』ではこれまでに、予定地周辺で県が絶滅のおそれがあるとしているノスリが巣を作っていることを確認しており、貴重な自然環境を守るためにも、建設を認めるべきではないとしています。……」

このモリアオガエルの生息については、「福島民友」が翌日、写真付きの三段扱いで大きく報道したのをはじめ、「福島民報」や「朝日新聞」も報道した。

今度はマスコミ取材に文句

七月二十九日、先の役員会で確認された市長への再申し入れのため、代表幹事の名木、植木、吉川が市役所に出向いた。すでに、ＮＨＫの畠山がテレビカメラを構えて待っていた。その他にも新聞各社の記者たちが同行取材のため待機していた。

この申し入れに市側は、三浦部長、山崎次長、松本課長ら数人が対応した。

「これは何ですか、こんな取材の話は聞いてなかったですよ。今日の申し入れについて、記者クラブに投げ込みしたそうですが、こんなことでは今後気軽に会うことは出来ませんから。お話では、今日は、簡単な申し入れということだったではないですか」

部長応接室に入るなり、三浦部長が顔色を変えて吉川に詰め寄った。的外れな三浦部長の発言に、すかさず吉川が反論した。

「別に他意はありません、マスコミの皆さんから〝前回申し入れの市長面談が拒否されたそうなので、今度の再申し入れの時は事前に教えて欲しい〟と言われてましたので知らせただけです。マスコミの皆さんに聞いてもらったらいいかと思いますが、報道の自由があるのではないですか。この取材はマスコミの皆さんが判断したものですよ。取材について、いちいち私たちが市当局の承認をもらわなければならないのですか」

「できれば今後は事前に話してもらいたいのですが……」

「事前に了解を得てなどとは約束出来ません。でも、市との風通しは良くしておきたいとは思ってますけど……」

記者たちも三浦部長の発言に異議ありの様子だったが、その場は一旦収まり、名木から申し入れの趣旨説明が行われた。

「六月には残念ながら市長には面談に応じてもらえませんでした。みんな予想もしてなかったので大変びっくりしてます。選挙の時、市民との対話を大事にするといっていた市長の約束はどうなってるのか、全く納得できません。予定地の周りには、ノスリなど県のレッドデータブックに登録されている絶滅危惧の動植物が十三種類、見つかっています。『水と緑がきらめく未来都市郡山』を理念にしているのですから、調査結果も聞けないというのはおかしいんじゃないですか。いますぐ処分場を許可しないという回答を求めているわけではないんですよ。環境調査の結果を報告し、処分場の許可をしないよう地元の要望をお願いするんですから、今度は是非会っていただくよう、よく市長にお伝え下さい」

「調査結果は私たちがお聞きして市長に伝えるということにしたいと思います。市長は許可権者なので……」

趣旨説明を聞いていた三浦部長は、要望を軽く受け流すような態度で役人独特の答弁をした。

「いや失礼ですが、部長は事務方のトップではありますが、この件についての判断権、決定権はないでしょう。あくまで決定権は市長が持っているんですから、直接市長に会って、地元の声やまわりの環境などについて聞いてもらいたいんです。いくら忙しくたって、三六五日のうちの三〇分や四〇分とれないはずはないでしょう。会う気があるかどうかの問題なんじゃないですか」

物静かな植木がたまりかねて三浦部長に迫った。

「それじゃ、お預かりしてあとでご返事しますので、今日はこの辺で……」

三浦部長が席を立った。前回同様なんとも腑に落ちない交渉だった。

この模様についてNHKは、夕方と夜、そして翌日の朝のテレビニュースで交渉場面の映像を流しながら、次のようなアナウンサーの解説付きで大々的に報道した。

「……計画に反対している団体が直接市長に会って計画を許可しないよう訴えたいと郡山市に申し入れを行いました。申し入れを行ったのは『産廃処分場建設に反対し いのちと環境を守る会』です。『守る会』はこれまで、原市長に直接調査結果を説明し、貴重な自然環境を守るためにも計画を許可するべきでないと訴えるため面会を求めています。しかし、なかなか面会が実現しないため、今日改めて郡山市役所を訪ねて再度要請を行いました。これに対して市側は〝申し入れの趣旨はわかりました〟と答えるにとどまりました」

新聞各紙も申し入れについて取り上げたため、〝市長の今後の対応がどうなるのか〟と市民のなかに関心が高まっていった。

第三章

住民運動の原点守って

1　こんなところに処分場とは

「かえる」と「ふくろう」が可愛い

「これは目立つな、それにしてもなかなか可愛いし、さすがだなぁ」

高山が出来上がったワッペンシールを持ってきた。

宣伝アピール用の武器として大量に作成して広げようと役員会で話し合われ、広告代理業を経営しているプロの高山にデザインから作成まで全て委任していたもので、「かえる」と「ふくろう」をセットにしたシール四、五〇〇枚（ワッペン数九、〇〇〇枚）が出来上がった。このデザインは「モリアオガエル」の生息と自然豊かな森の番人である「ふくろう」を表現している。

「会」では、車や玄関先などに貼って処分場建設反対の意思表示をして欲しいとよびかけたが、意外にも〝かわいい〟と子供たちや若い女性のなかで評判となった。このワッペンシールの普及活動は、役員をはじめ多くの町民の協力でたちまち広がり追加作成されることになった。三穂田町内はもとより、郡山市内全域にこのワッペンを貼った車両が目立つようなっていった。若い女性たちが愛用車に「かえる」や「ふくろう」のワッペンを喜んで貼っている様子やワッペンを貼ったランドセルを背負った子供たちの姿は、この運動の幅広い広がりの証しといえる。

一方、財政活動の柱である募金活動の取り組みが始められた。五月のメーデー会場などをかわきりにすでに募金が寄せられ始めていたが、本格的な訪問活動の開始である。

スタート初日と翌日の二日間はまず、役員がつながりのある市内の企業や団体を訪問した。その結果、行く先々で理解と協力を得ることが出来、二十万円近くの募金が寄せられた。こうした外部からの募金協力の動きに呼応して三穂田町内からも自発的な募金が寄せられ始めた。町内のある個人経営者からは十万円の募金が届けられるなど、処分場建設反対の機運が高まっていった。

好評だったワッペンシール

役員会では、「水と環境を守る会」が行った〝一世帯五百円〟のような割り当て的資金集めは行わないこととし、財政確立が緊急の課題であることを明確にしながらも、あくまで任意で自主的な募金を集めることを確認した。この方針が「守る会ニュース」で全世帯に知らされると、町内から続々と募金が寄せられるようになっていった。

勿論こうした状況は、月一回近くのペースで発行される「守る会ニュース」で、具体的な運動の内容や業者側の動き、市当局の対応などが報告されるのに伴い、町民の関心が高まってきていることのあらわれでもある。地元塩ノ原地区では、保科ら役員の訴えにより、十数人から二十万円近くの募金が寄せられた。

この動きに呼応して、川田、駒屋、八幡、野田の各地域でも募金活動が取り組まれ、短期間のうちに、多額の募金が寄せられた。最終的に、三穂田町以外からの分も含め、個人、企業・団体合わせて二五〇を超える先から寄せられた募金額は一五〇万円を超えた。

「会」発足直後から、地元の一部で「会」に対する誹謗、中傷が加えられていたが、募金活動についても「塩ノ原では三〇〇万円くらい集めるそうで、一戸五万円ぐらいとられるようだ」などのデマがふりまかれていた。役員会で「強制や割り当て的な資金集めは行なわず、あくまで自主的な募金を集める」としたのは、こうしたデマを打ち破るためだった。しかし、この方針を確認し具体的に募金活動を始めるまでには、紆余曲折があった。

デマの影響は予想以上に大きく、役員会でも当初はためらいの空気が支配的だった。デマがなくても、募金活動などの経験などないわけだから躊躇するのは当然である。デマがじわりと広がりつつあるなかで「やっぱりカネ集めに来たか」と言われるのではとの不安があることも確かであった。

「たたかいに勝つには相手の兵糧攻めに負けないことといわれているけど、相手とたたかう前にデマに負けていては勝負にならないと思うよ」

労働争議などで財政確立の重要性を痛感している大沢が、重苦しい雰囲気を振り払うようにポツリ、ポツリと語り始めた。

「相手はカネを準備し、人材をそろえて仕事として向かってくる。カネがかかるからその範囲内でぼちぼちやるしかないなどといっていたら、相手に足元をみられてしまうんじゃないか。軍資金もつくってたたかう体制と構えを相手にみせることは、いま一番大事なことだと思うんだけど」

大沢の話には説得力があった。完全に戸惑いを克服したわけではないが、募金帳を作って取り組みを始めることが確認された。大沢の話に聞き入っていた保科は、「これは、まず地元から始めなくては」と決意していた。そして、前述の塩ノ原をかわきりにした各地域での募金活動が取り組まれたのである。

処分場は住宅街を直撃だ

七月に開示請求していた処分場設置申請に関する公文書が手許に届き、業者と市のやりと

林境団地と処分場予定地周辺

りの経過と現状が明らかになった。事業計画書を受理していた市は、三月八日に各部局課の意見をつけて業者に通知した。これに対し業者は六月二十二日に市に回答、この回答を不十分として市が七月十三日に再度補正を求めて通知しており、手続きが一定の段階まで進んでいることが判明した。

これまで、おおよその予定地は判断出来ていたが、今回の開示文書で、設置場所と搬入道路が明確になった。なんと処分場は、これまで予想していた場所とは異なり、林境住宅街の中心に向かって下っている沢を防壁でせき止めて設置しようとするものである。

その防壁は住宅地から三〇メートルという距離である。この計画書を見た林境の住民は一瞬自分の目を疑い、愕然とした。

果たして処分場への進入路の現場はどこなのか。森林組合所有山林との境界はどこか。山口森林組合長の本田初二に現地周辺の案内を依頼した。本田は「守る会」の幹事でもあり、保科と共に塩ノ原の取りまとめに力を注いでいる。

「ここだな、団地と森林組合の山との間のこの辺が地主の土地なんだ」

業者が計画している進入路は、林境住宅街から約三〇メートル程坂道を北に登ったところである。処分場予定場所は住宅街の真東に位置し、搬入路の市道は南東方向から住宅街の西側を北に向かって走っている。

「この計画通りに処分場が建設されたら毎日、産廃車が住宅を囲むように走り回ることになるな」

本田は、業者の計画図を見ながら、林境の住宅が深刻な事態になることを直感した。それ以来、本田の活動参加は更に積極的になり、裁判傍聴には毎回、自らの八人乗りワゴン車を出して傍聴者の送り迎えをした。

市長はいったい誰の代表？

八月四日、面談申し入れに対する市長からの回答書が届いた。

「……地域住民等の利害関係者は、事業者からの説明や同意取得の際などに事業者に直接意見を述べ、あるいは指導要綱に定める各段階における公告の際や許可申請書提出時の告示・

縦覧期間における生活環境の保全上の見地からの意見書提出の機会などを有するほか、市の担当窓口に対して意見を述べる権利を保障されているものであります。……処分場設置計画に意見を有する利害関係者と市長自らが面談して要請を受けることは、指導要綱に基づく事前協議を希望する事業者にとって、市は予断を持って行政指導に臨むのではないかと徒に市に対する不信感をつのらせ、行政指導に従う意欲を減退させる虞があることから適当でないと考えております。従いまして、申し入れにございました『一、産業廃棄物処分場設置予定地周辺の自然観察中間結果のまとめに関する報告』と『一、産業廃棄物処分場設置問題についての要請』につきましては、従来どおり環境衛生部廃棄物対策課を窓口として受けさせていただきますが、面談につきましては、現時点では残念ながら貴意に沿いかねますので、御理解くださるようお願い申し上げます……」

市民を産廃業者と同列の「利害関係者」と位置づけ、産廃業者が市に不信感をつのらせるから面談できないとする予想だにしなかった回答である。まさに、青天の霹靂である。

「会」では市長に対し、ただちに再考を求める申し入れを行った。申し入れ内容は次の通りである。

「……去る八月四日付で貴職より、当会から申し入れていた面談を拒否する旨の回答を受け取りましたが、その理由を慎重かつ冷静に検討した結果、全く理解に苦しむ内容であり、きわめて遺憾であります。

即ち、第一に、当会は事業者や市窓口に意見を述べることができるかどうかを尋ねているのではなく、貴職との面談を求めて申し入れを行っているのであって、手続き各段階で意見を述べよとの指摘は的を得ていません。

第二に、産廃処分場設置予定地周辺の自然環境について、専門家の調査結果の報告を受けることは、原市政の基本である『環境との共生』からみても、むしろ歓迎すべきことであって、報告自体を拒絶することは、きわめて不可解と言わざるを得ません。

第三に、地元住民と面談し要請を受けることは事業者が徒に市に対する不信感をつのらせるとしていますが、事業者の態度を配慮するあまり、市民を無視するという本末転倒の姿勢ではないでしょうか。貴職は、市民の代表であり、基本理念でも「主役は市民であり、市民との対話と交流を拡げ……」と高らかに宣言しています。許可申請をしている一事業者への気配りを優先させ、市民との対話を拒否する貴職の政治姿勢は、自ら公約している基本理念にも反するもので納得できません。

第四に、住民との面談によって、事業者が市に不信感をつのらせ、行政指導に従う意欲を減退させる虞があるとしていますが、仮に事業者がそのような態度をとるならば、産廃処分場設置予定者としての基本的な資質が問われることになり、不許可の条件を自らつくり出すことになるのではないでしょうか。行政指導に従わない場合、毅然と不許可にすればよいと思われますが、貴職は何故、事業者の『意欲減退』に神経質になるのかきわめて疑問です。

第五に、全国各地の産廃処分場で、自然環境や生活環境の破壊による様々な問題が発生していることは貴職も充分承知しているところです。産廃処分場許可の諾否に当っては、後に悔いを残さないためにも、様々な角度から多面的な情報を収集し、判断材料にすることが肝要といわれています。その一環として、処分場予定地周辺の環境状況や地元住民の動向などを把握することは重要かつ不可欠なことではないでしょうか。

以上の理由から貴職の八月四日付回答は到底納得できるものではありません。私たちは、貴職が許可権者であり、かつ政策の決定権者であるが故に、これまで直接、報告と要請を行いたく面談を申し入れてきたところです。

つきましては、当会並びに福島県自然保護協会との面談について再考され、是非面談応諾の態度を示されるようここにあらためて申し入れるものです……」

この拒否回答については、各マスコミも注目し、大きく報道した。

特にNHKテレビは「守る会」の記者会見を受け、夕方と夜、翌朝の三回、ローカルニュースのトップに次ぐ扱いで報道した。ニュースは「処分場反対の団体と市が対立」のテロップ入りで、処分場予定地周辺の風景をバックに次のように報じた。

「郡山市に計画されている産業廃棄物処分場予定地周辺に絶滅の恐れがある野鳥などが生息しているとして、計画に反対している団体が郡山市の原市長との面会を求めたのに対し、原市長は、業者側に市への不信感をもたれるおそれがあり、面会は出来ないと回答しました。

郡山市の『産廃処分場建設に反対し　いのちと環境を守る会』は、栃木県の業者が市内に計画している処分場予定地の周辺に県が絶滅のおそれがあるとしている野鳥のノスリが巣をつくっていることなどが確認されたとして、計画を許可しないよう訴えるため原正夫市長との面会を求めていました。これに対し原市長は文書で、業者に市が予断を持って対応に当るのではないかという不信感をもたれ、市の指導に従う意欲を減退させるおそれがあることから適当でないと回答し、面会を断りました。

これについて守る会は〝市民が主役〟という原市長の理念に反する対応だと反発しており、原市長に再考を求めることにしています」

この問題は、翌日、翌々日と新聞各紙も取り上げ、市長の拒否理由を紹介しながら市長の姿勢を批判する「守る会」のコメントを中心に三段見出し（毎日新聞）で大きく報道した。

「いったい市長はだれの代表なんだ」

この回答に対する疑問と怒りは、たちまち市民のなかに広がっていった。

こうしたなかで、「守る会」は納得できないとして前述の通り再度「面談についての再考を求める申し入れ」を行ったのであるが、原市長は回答を三ヵ月近く引き伸ばし、十一月十四日付で文書による拒否回答を郵送してきた。こうして地元住民と市長の面談は、最後まで実現しなかった。

フロンガス抜いてませんか――行政の不可解な動き

その頃、運動の先頭に立っていた保科に思いがけない事態が起こった。玄関先で受け取った名刺を見て保科は一瞬驚いた。

県中地方振興局・県民環境部・環境グループ課長、郡山市公害対策センター主任技査兼規制指導係長、郡山市環境衛生部・廃棄物対策課技師の三人が突然訪れてきたのである。

「厨房器具類のフロンガスを抜いているようだとの通報がありましたので、お伺いしました。現場を見せてください。」

「フロンガスなんか抜いてませんよ。誰がそんなこと言ってるんですか」

「犬の散歩をしていたら、ガスの臭いがしたと連絡があったんです」

保科は〝これは、何かあるな〟と直感した。フロンガスは臭いなんかしないし、自分でフロンガスを抜いても何のメリットもないのである。

「保科さんのところでは、廃棄物運搬業の許可をとってますか」

「いや、とってません」

「取りはずした厨房器具類をここまで運ぶのも厳密に言えば廃棄物の運搬なんですが」

三人は、現場をひと通り見回り、そう言い残して帰っていった。

保科はすでに現職を引退し、経営を長男に引き継いでいる。業務内容は、営業用厨房器具類の設置と取り外しで、厨房メーカーのホシザキとの委託契約に基づいて行っている。ホシザキとの契約だけに厳密な施行管理が要求されており、指摘されるようなことは一切していない。まして、産廃公害を防ぐためにたたかっている自分が、環境を破壊するようなバカなことを行う筈がないだろうと思うと、抑え切れない苛立たしさを感じた。

しかし、保科は〝誰かの嫌がらせだな〟と思いながらも〝県や市は何を狙っているのか〟と一抹の不安を感じながら、何日か眠れない夜が続いた。折りしも、吉川に対する嫌がらせや脅迫の電話が頻繁にかかっていた時期と重なり合っていた。

2　本格的な運動へ

大盛況　産廃そばまつり

トラクターを運転して大沢が到着した。吉川の自宅まわりの畑約三反歩（約三〇アール）へのそばの種まきである。

大沢と吉川は、そば打ち仲間で、いわゆる「そば道楽」高じてそば栽培を始め、三年目になる。秋そばは、八月十日前後に種をまき、一〇月中旬に刈り取り、一一月には香り豊かな新そばの舌づつみをうつことができる。

今年は、「守る会」主催の〝そばまつり〟開催提案の相談をしながらの作業となった。

「運動は、楽しくやらなければ」は、これまで経験した運動から学んだ二人の共通したこだわりである。

「みんなで新そばを食べ、楽しく交流し、若干なりとも財政づくりに貢献できれば、運動に弾みがつくにちがいない」

盛大なそばまつりの成功を胸に仕事は順調に進み、心地よい疲労感のうちに終了した。

「ところで、何人分ぐらいできるかな」

「これも、次の役員会で相談することになると思うが、二日間で二〇〇人くらいが限度ではないか」

昼食をとりながら話は弾んだ。

そばまつりの提案は役員会で二つ返事で承認され、二〇〇人規模とし、十一月二十六日と二十七日に行うことを確認した。チラシやチケットの作成、各区ごとのチケット普及目標など、具体的な内容が次々と話し合われた。

「チケットは一枚いくらにするんだ」

「メニューはどうする」

「事務局長らだけで二〇〇人分打てるのか」

「厨房係や手伝いは何人ほしいんだ」

明日がまつりでもあるかのような話がポンポンと飛び出し、話だけでも楽しさいっぱいというところである。

「まぁ、まだまつりまで時間があるので、いろいろ具体的なことは次回提案したいと思います」

吉川は、予想通り〈楽しい行事は話し合いの段階から盛り上がり、運動に活気がうまれてくる〉ことを実感した。

「これは安い」

チラシを見た町民の間に、新そばまつりの話題がたちまち広がり、チケットはまたたく間に完売となった。それでも、「どうしても」という申し込みが相次ぎ、十二月にもう一日行うことになった。それもそのはず、チケットのお品書きには、「十割手打ち新そば大盛・てんぷら・そば豆腐・そばだんご・特製そばがき」の五品が書かれており、誰の目にも格安感のインパクトを与えたからである。

十一月二十六日、三穂田公民館は、笑い声も飛び交いにぎやかな朝を迎えた。そばまつりの初日である。

公民館備え付けの災害時炊き出し用大鍋をセットし、湯を沸かす者、てんぷらを揚げる者、じゅうねんを掏る者、そばだんごを丸める者、食器類を洗う者、テーブルを並べ会場をつくる者、そばまつりの大型外看板の取り付けや受付場所の設置をする者など、三〇人の準備係りはてんやわんやである。手際のいい女性に混じって、てんぷらを揚げたり、だんごを丸める男性の真剣な姿はめったに見れない光景である。

いよいよ〝食堂〟オープン時刻の十一時半、受付には行列ができた。それまで冗談交じりの賑やかさだった厨房は、序々に緊張した雰囲気に変わっていった。てんぷらやそば料理を盛り付け配膳する者、そばを茹で手早く盛り付けて運ぶ者。

「なんだ、ずいぶん待ってんだぞ……」

「すみません……いますぐ……」

来場順番通りにならない時など声がかかると、普段他人に頭を下げたことのないような〝ぶこつ〟なおやじがぺこりと頭を下げる格好は、ひどく滑稽である。しかし、この情景は、地元の知り合同士が笑顔で交わす掛け合いであり、産廃そばまつりならではの一コマ一コマである。

「旨かったぞ、そば屋の店出したらいいんじゃないか……」

「とても美味しかった、ごちそうさまでした」

「なかなかさまになってたぞ。うちでもかぁちゃんの手伝いやってんのか」

帰り際にかけられる一声一声は、素人なりに懸命に駆け回って接待したことへのほめ言葉でもあった。

初日の来場者は一〇〇人を超えた。

盛況だったそばまつり

しかし、このそばまつりの発案者でもあり、あれほど楽しみにしていた大沢の姿が会場にはなかった。そばの種まきを終えた直後の八月十九日、突然脳梗塞に襲われ十一月五日、志半ばにして旅たってしまったのである。

「旨いなぁ、新そばは香りもあるし、今日は格別だない。吉川名人の腕のせいかな……」

心地よい疲れを体感しながら空腹に流し込むそばを味わい、厨房係としてがんばった誰もが成功を実感し、充実感を満喫していた。

そのなかにそば茹で担当で奮闘した八幡区副区長の安井政明もいた。安井は、大沢とは小・中学校の同級生でもあり、これまで区の三役として共に働いてきた。それだけに大沢の思いは、肌で感じており、処分場阻止運動にちからを尽くす決意をしていた。

翌年、橋爪の後任として八幡区長に就任したが、「水と環境を守る会」からの役員就任要請を断った。

「大沢君が生きていたら今頃、彼が区長だった。大沢君の代わりに区長になった俺がこちらの役員になるわけにいかない。俺は、『いのちと環境を守る会』の幹事だし、そっちで頑張るつもりだ」

その後、安井は反対運動に献身的に取り組んでいった。

そして、厨房係りでフル回転した女性たちは、そばまつりをきっかけに、その後の運動の各場面で力を発揮することになっていった。

そばまつりは、二日目、三日目とも初日同様大盛況だった。来場者数は、延べ三一〇人を超し、当初の予想を上回る大きな成功をおさめることができた。


「主人は口惜しさを墓場まで持っていった」


十一月五日、市中央公民館で伊部正之福島大学教授による〝松川事件〟の講演を聴いていた吉川の携帯電話がけたたましく鳴った。橋爪からである。

「吉川さん、義行君がダメだと聞いたんだけど、連絡あったかい」

橋爪のあわてた口調に一瞬、頭の中が真っ白になった。

「まさか、義行君が……」

吉川は大沢が入院していた香久山病院に駆けつけた。大沢は、すでに救急車で寿泉堂病院に搬送されたという。

「やっぱり……」

寿泉堂病院に向かって走り始めたとき、携帯が鳴った。

「吉川さん、うちのひとダメでした。自宅に帰ってきました。すぐ来てください……」

電話の向こうから聞こえる道子の泣きじゃくる声に言葉を失い、何も話すことができなかった。

布団に横たわる大沢の表情はおだやかだった。

大沢を覗き込みながら、吉川は溢れ出る涙を抑えることが出来なかった。区長会の要請を受けて「水と環境を守る会」代表を引き受け、運動の前進に向け決意を語りかけてきた時の表情、「会」代表はずしの理不尽なやり方への怒りをぶちまけた時の表情、まともな「会」が出来たと「いのちと環境を守る会」結成総会で目を輝かせた時の笑顔、「そばまつりをやろう」と精を出したそばの種まき、団体交渉で不誠実な会社側を舌鋒鋭く追及する姿など、ありし日の大沢の表情や姿が次から次と脳裏を駆け巡っていった。

「うちのひとは、あのときの口惜しさを墓場まで持っていくようになってしまって……」

道子の一言に、こみ上げる怒りで、からだが震えるのを抑えることができなかった。

「義行君、必ず阻止するからな」

義行の顔を見ながら吉川は、あらためてたたかいの決意を固め、勝利を誓った。

大沢の死は、「会」の運動にとって大きな痛手となった。しかし、同時に「大沢君の意思を無駄にするな」とする声が役員のなかに広がっていった。

告別式で吉川は、同志として弔辞を読み上げた。そして、大沢の意思を引き継ぎ産廃阻止までたたかうことを誓った。産廃阻止運動に参加する多くの仲間たちも参列し、冥福を祈りつつ、たたかいの決意を固めた。

まともな運動にはデマ・中傷はつきもの

そばまつりより二カ月程さかのぼる九月十四日夜、塩ノ原集会所には、区民が続々と集まり、会場は座りきれない状況となった。塩ノ原地区の産廃問題報告・懇談会開催の呼びかけに応え、殆んどの世帯から参加してきたのである。懇談会は、区の三役が「いのちと環境を守る会」に一線を画し、区としての取り組みが出来ない困難な状況のなかで計画された。

懇談会の開催に向け、保科や永野春夫が元区長や班長などを訪問し、活動の状況や業者と役所の動きなど現状を報告しながら、「懇談会よびかけ人」の引き受けを要請して歩いた。その結果、要請した殆んどの二十一人が快く承諾し、懇談会の成功に協力してくれた。

永野は当初、産廃の問題点を見抜けず業者の現地まとめ役をしていた町内の友人に誘われ同意書集めに動いていた。しかし、三月の区臨時総会での話し合いのなかで、これまでの自分の行動に疑問を感じ、みんなの前で頭を下げた。

「俺、間違ったことやってた。今日から反対運動を一生懸命やるつもりだ……」

以来、永野は、同級生でもある保科と共に塩ノ原地区の中心的役割を果たしてきた。

午後七時から始まった懇談会では、「県自然保護協会」の横田理事から、「塩ノ原の里山には、県がレッドデータブックで指定している絶滅危惧種など貴重な野生生物が多数生息しており、他に例を見ない自然の宝庫である」ことがスライドを使って報告され、自然環境保護の重要性が強調された。

「このすばらしい自然を、このまま次の世代に引き継ぎたいものです」

この地の貴重な生態系の実態を目のあたりにした参加者は、横田の訴えに真剣に耳を傾け、自然保護の大切さを再認識していった。

「市の条例に基づき処分場関係の公文書を開示請求して調べたところ、業者と市の間で設置条件を満たすための文書のやり取りが行われていることがわかりました。また、設置場所がはっきりしました。林境の住宅街に向かって下っている沢をせき止めて埋立てる計画です。まさに林境の枕元に処分場ができる格好です」

吉川の報告に会場は一瞬ざわめき、ため息がもれた。

「大量の署名集約や住民投票による反対の意思表示は大きな力になり、業者への強い圧力になることは間違いありません。しかし、それだけで阻止した例は全国的にはありません。多面的で継続した幅広い住民運動と世論の盛り上がりが阻止実現のポイントであることは全国のたたかいの共通した教訓です。そのために地元住民が〝処分場建設阻止〟の一点で結束し立ち上がることが、いま一番大切だと思います。今日の懇談会が運動の新たな節目になるのではないでしょうか」

吉川は、塩ノ原住民の結束こそが建設阻止の原動力になることを力説した。

「なんで、悪口いったり、デマみたいなことというのかなぁ……なぜ一緒にできないのかなぁ。そんなことやってたら業者を喜ばすだけだと思うよ」

地元の一部から流されている「いのちと環境を守る会」への誹謗、中傷に対する批判の声があがった。

「まともな運動にはデマや中傷はつきものです。そのことに惑わされることなく、事実と道理に基づいて活動していくことが私たちの基本です。あくまでも相手は業者であり、行政当局ですので……」

吉川が説明する「守る会」の考え方に参加者の殆んどは納得した表情を示し、うなずいた。

三月の臨時総会以来の区全体の集まりは、この懇談会が初めてだった。

業者が着々と手続きを進めていること、市長が地元住民と会わないなど不可解な態度をとっていること、「いのちと環境を守る会」が多彩な運動に取り組んでいること、産廃問題についてマスコミが頻繁に報道していること、「ゴミ弁連」や「県自然保護協会」など専門家集団が積極的に支援してきていること、業者が「水と環境を守る会」発行のチラシの内容などを理由に損害賠償請求の訴訟を準備していることなど、報告される具体的な内容は、参加者にとってその一つひとつが初めて聞くことばかりである。

「ぼーっとしてたらつくられっちまうな」

二十一万の署名が集まったのだから大丈夫だろうと思っていた参加者のなかに緊張感が走った。そして、運動の広がりと世論の高まりをつくり出せるかどうかが、阻止できるかどうかのポイントであることを認識していった。

残念ながらこの席に区長はじめ区三役の姿はなかった。そして、この三役たちは、最後まで、組織的にも運動の面でも一線を画す態度に終始した。

「ひと肌ぬいでくれませんか」

「いま、林境のみなさんがまとまって立ち上がるかどうか、町内の多くの人たちが注目しています。なんとか一肌ぬいで、みんなをまとめて一緒に運動に参加してもらえないでしょうか」

保科が単刀直入に切り出した。保科と吉川が「守る会」役員就任と運動への参加を訴えるため、矢崎宅を訪問したのである。

矢崎は塩ノ原区第五班（林境）の班長のため、班内での確執などが起こらないよう慎重な対応をしてきた。林境で「いのちと環境を守る会」の運動に参加しているのは、小田、清野、久美とその家族の三世帯だけで、その他の世帯の参加は皆無という状況である。

林境には、「水と環境を守る会」で事務局の中心的役割を果たしている雪恵も居住している。雪恵の父母は、班内に影響力をもつ有力者で、産廃問題では「いのちと環境を守る会」の運動に批判的な態度をとっていた。従って、殆んどの世帯は、雪恵らの言動をみながら産廃問題への態度を示してきたのである。

しかし、「水と環境を守る会」からは、産廃問題をとりまく現状や活動状況の報告などはなく、役員会の協議内容報告や総会案内もないため、住民のなかには疑問と不満がくすぶっていた。情報源は唯一「いのちと環境を守る会」が三ヵ月に二回程度発行し、全戸配布している「守る会ニュース」だけである。

「先月の懇談会でもお話ししましたが、このままの状態では阻止は難しいのではないかと思います。処分場の足元が水をうったような状態では、業者が喜ぶだけだと思います。なんとか協力いただけませんか」

吉川の要請に矢崎はうなずきながらも、しばらく思案にくれていた。

「吉川さん、雪恵さんと和解できませんかね」

矢崎は思いつめたように吉川を覗き込んだ。

「私の方はあちらの会に共同してやろうと呼びかけているのですが、むこうは、むしろわれわれに敵対するような対応をしています。どこからか圧力がかかっているのかもしれませんが。和解などは、殆んど見込みがないと思います。今日は、そのような状況だからこそ矢崎さんにお願いにきてるんです」

「わかりました、いっしょに参加させていただきます」

矢崎の並々ならぬ決意が伝わってきた。

矢崎のこの決断は、林境の住民のなかに運動参加への機運が急速に高まるキッカケとなった。

矢崎の決断の動機について妻の早苗は、後に次のように話している。

「うちの主人が、あの時決意できたのは、懇談会で吉川さんが〝あちらの会ともいっしょにやれるよう呼びかけていく〟と話されたことに心を動かされていたからだったようです。あちらの会の人たちは、かなり吉川さんたちへの批判をしていましたから。なぜ一緒にできないのかと疑問に思っていた矢先でもありましたので……」

このままの自然を！——前進座・河原崎國太郎からメッセージ

「経済県都郡山といわれているそうですが、その奥座敷に、すばらしい里山があることを知り感動しました。数多くの貴重な野生生物が棲む豊かな緑と清流を、是非、このまま次の世代に引き継ぎたいものですね。自然環境を守るためのみなさんのとりくみに声援を送ります」

「前進座」の六代目河原崎國太郎からサイン入り写真とメッセージが届いた。

前進座は、テレビ時代劇ドラマ「遠山の金さん」で初代の金さんを演じた中村梅之助が代表をつとめる劇団である。河原崎國太郎は、前進座女形の第一人者として、また、歌舞伎界若手女形のホープとして活躍している。

九月郡山公演、歌舞伎「髪結新三」の白子屋娘「お熊」役で女形を演ずる國太郎が、公演を前に来郡した。その際、吉川との懇談で、処分場周辺の希少生物の生息に話が及び、環境問題にことのほか強い関心を持っている國太郎が「このかけがえのない自然を是非守って欲しい」との思いから、「守る会」運動へのメッセージを送ってきたのである。

吉川は「前進座公演を見る郡山の会」の代表をつとめていることから、郡山公演後のうちあげ会の都度、俳優たちと交流する機会が多く、國太郎とも親交があって今回の懇談となったのである。

このメッセージは、「守る会ニュース」に掲載され〝ちから強い声援〟として大きな反響を呼んだ。


どうせやるなら「ふれあいセンター」で五〇〇人だ

前から「ゴミ弁連（たたかう住民とともにゴミ問題の解決をめざす弁護士連絡会）の支援を広田次男弁護士を通じて要請していたが、広田から支援の意向が示され、同時に「一月に講演会を開催できないか」と打診された。十月二十日の役員会では講演会開催について協議が行われた。

「役員の勉強会か?」

「いや、住民対象の講演会ということだ」

「ところで、誰が来て話てくれんだい」

「広田先生と青山貞一という武蔵工業大学教授で環境問題で国際的に活躍している学者なそうだ」

「専門的で、難しい話になんでねえのか」

「それはわからないけど、広田先生から、業者はプロだし、法律は建設促進法なのだから、われわれも勉強しないと勝負にならないと言われたよ」

「相当集めなくちゃならないんだべな」

「それは、相談なんだが、まず、やるかやらないか話し合って欲しいんだが」

「一月かぁ、一番寒い時だなぁ」

自前で行う初めての経験だけに、講演会そのもののイメージすら皆目見当つかず、議論はなかなか進まない。

「そんな有名な先生方は、頼んでもなかなか来てもらえないんじゃないのか。やるかやらないかなんて言ってる場合なのかな」

植木のつぶやくようなこの一言が会議の雰囲気を変えた。植木は、広田事務所を訪問し、今後の運動について広田と相談した一人で、講演会の意義と必要性を認識していた。

「講演会を成功させることは、われわれの勉強になることは勿論、三穂田町民の結束と意気込みを、業者や市長に知らせることになるし、われわれ自身がお互いにやる気を起こす場になると思うんです。もし成功させることができれば業者も驚くと思うし、運動にはずみがつく筈なので、是非やりたいですね。公民館の洋間なら二〇〇人くらいは入れるかな」

植木の発言を受けた吉川のこの提案で、講演会に取り組むことが確認された。

「どうせやるんなら、公民館あたりで、ちょぼちょぼやんないで、ふれあいセンターでやったらどうだい」

「ふれあいセンターなら五〇〇人は集めないと様になんねえぞ」

「なにやっても五〇〇人なんか集まったことなどないし、なかなか大変だと思うよ」

「三穂田には一二〇〇戸あるんだから、そのくらい集めなければ、なめられっちまうんじゃないか」

こうして五〇〇人規模の大集会が計画された。

初めて取り組む大行事とあって、役員の動きは真剣そのものだった。各区ごとに手分けして役員が各戸を訪問し、チラシを配りながら参加を訴えて歩いた。

二〇〇六年（平成十八年）一月二十九日。講演会当日、三穂田ふれあいセンター多目的ホールは、朝から六十人を超す役員があわただしく動いていた。会場作りから、資料のとじ込みと袋詰め、暖房の調整など来場者を迎える準備である。

女性たちは、準備作業参加者の昼食づくりでこれまた大忙しである。

講演会は、看板や垂れ幕づくりから、資料、会場づくりまで〝すべて自分たちみんなでやろう〟と確認していた。「守る会」はなにごとも〝みんなで話し合い、みんなで決めて、みんなで動こう〟を合言葉にしており、この日の作業体制はその具体的なあらわれといえる。

午後一時半の開会時刻を前に、参加者が続々とつめかけてくる。入り口で下足袋を渡す係、受付で資料を配る係、会場入り口でワッペンシールを売る係。会場入り口通路は、「おーごくろうさん」の声が飛び交う人の波でいっぱいとなり、開会時刻には、満員の聴衆で会場が埋め尽くされた。参加者は五一〇人を超えた。

「守る会」で取り組む初めての大イベントである。講演会の進行役を務めるメンバーは誰もがはじめての経験で緊張している。

司会は元八幡区長の石原信一が担当した。石原は大手企業の職場でリーダーとして活躍してきただけに、初体験とはいえ、歯切れのいい口調で手際よく会を進行した。

主催者あいさつに立った須藤利市は、村田町・竹ノ内処分場の惨状を報告しながら、三穂田には絶対建設させない決意を述べ、運動への協力を訴えた。須藤は、三穂田町社会福祉協議会会長として活躍しており、町民からの信望が厚い人物である。

講師紹介に立った矢崎は、講師の趣味や人柄もまじえ、持ち前の歯切れの良さで、講師の素顔を紹介した。

講演会では、広田弁護士が福島県内をはじめ、全国各地での産廃処分場建設反対運動や裁判例を紹介しながら、「国のゴミ行政が間違っている。ゴミの資源化と再利用への転換はゴミを無くし、雇用拡大につながる」ことを強調した。そして、基本は住民の結束と粘り強い運動であり、裁判も視野に入れての「つくらせない運動」が大切であることを説明し、参加者を激励した。

また、青山教授は、環境問題での国際的な活動の経験から、カナダなど環境先進国といわれる国でのゴミ政策を報告、これら国々の例にならって「産業廃棄物を出さない」ゴミ政策への転換と「燃やして埋める」現状からの脱却を訴えた。

この二つの講演は〝ゴミは出るのだからどこかに捨てなければならない。自分も出していながら、自分たちの裏山はゴメンというのはエゴだ〟という相手側の切り崩し口実のねらいを明らかにし、ゴミの資源化と少量化をめざす世界的流れに国の政策を切り替える必要性を提起した。

〝大量生産、大量消費、大量埋立廃棄〟という日本の廃棄物処理政策が世界的にみていかに遅れているかが参加者の共通認識となり、確信をもって阻止運動に取り組む転機となった。

そして、講演会では、住民運動の強化とともに、「建設差し止め訴訟」も視野に入れて、具体的な検討に入ることが報告され、建設阻止に向けての新たな決意に満ちた決起の場となった。

閉会あいさつは、幹事会若手ホープの古沢富雄が行った。古沢の「処分場は、必ず阻止します。みなさん、ちからを貸してください」との力のこもったあいさつに、参加者は割れんばかりの拍手を送った。

講演会の模様は当日夕方、テレビ各局がローカルニュースで大きく取り上げ放映した。また、新聞各紙も翌日写真入りで報道した。

まさか！「ゴミ弁連シンポ」の現地開催に戸惑い

講演会の成功を受けて、事態は急展開することになった。

「処分場建設差し止め訴訟」の具体化と、広田から新たに提起された「ゴミ弁連シンポジウム」と「ゴミ弁連総会」の現地開催である。法廷闘争と住民運動の新たな前進を背景に、業者に真正面から建設断念を迫るたたかいに取り組む作戦である。

二月十四日の「守る会」役員会は、講演会の成功に確信を深めながらも、連続する集会の取り組みと裁判準備という大きな課題を前に、重い空気に包まれていた。広田から提起されているゴミ弁連のシンポと総会の開催時期は、四月二十三〜二十四日と指定されている。純農村の三穂田にとっては、田植えの準備作業で年間のうちで最も忙しい時期である。

「四月は無理だべ、忙しくて誰も来ないんでないか」

「おれら役員がやると言っても、この忙しいのに、なに考えてんだとみんなに怒られっぺ」

「この前やったばっかりで、またやるのは大変だぞ……」

「時期はずらせないのかい」

論議は〝四月開催は困難〟が大勢を占めた。吉川が苦しい心情を吐露した。

「いや私もむずかしいと思うんだけど、何と言って断ったらいいか、悩んでいるんです。年一回のゴミ弁連のシンポと総会は全国の住民団体からひっぱりだこなそうで、広田先生がわざわざ三穂田と言ってくれてるのに、断るとすれば、それなりの理由がなければなぁ……」

黙って聞いていた柳内が、吉川の発言にクレームをつけた。

「断る理由がないなんて、それは違うんじゃないかな。こちらから頼んでも普通は簡単に、やってもらえないと思うよ」

「そうだな、つくられたら一〇〇年も大変なことになんだから、忙しいなんて言ってられねぇよな」

安井が柳内に同調した。

「三六五日のうちの半日だべ、そのくらいなんとかなっぺや」

西沢のこの発言がみんなの決断を促すきっかけとなった。

「なにも、おやじでなくちゃなんねぇってわけでもねぇんだから、おっかぁでも、じぃさまでもいいんじゃねいのか」

「そうは言ってもなかなかむずかしいぞ。相当ちから入れないと大変だな」

話し合いは、徐々に取り組む方向へと進んでいった。

「局長、チラシだけでは駄目だから、〝公文書〟作らんしょ。それ持ってローラーやっぺ」

「〝公文書〟とかローラーって何だい」

柳内提案の意味が吉川には分からなかった。

「一戸一人以上参加して欲しいという文書を代表幹事の連名で作ったらどうかということさ。それ持って選挙の時のように一軒一軒歩いて、直接話してくるようにしなければ駄目だということよ」

柳内のこの具体的な提案で〝大変だがやろう〟との結論になった。

一方、「建設差し止め訴訟」の裁判については、具体的な議論にはならず、弁護士の話を聞いてから考えようという確認にとどまった。

同じ頃、業者側が郡山市中央町内会連合会と会長個人を相手に提訴している損害賠償請求訴訟の公判が行われていた。この裁判は、「水と環境を守る会」が連合会の承諾を得て行った市内での署名活動の際、配布したチラシが業者の名誉侵害と信用毀損に当るとの理由で起こされたものである。

もともとこのチラシは、「水と環境を守る会」が作成したもので、残念ながら、相手に口実を与え兼ねない不用意な表現が含まれていた。しかし、全く損害賠償に値するようなものではなく、最初から住民側に弁護士費用など裁判費用を負担させ、財政的圧迫を加える目的で行った嫌がらせであることは明らかだった。その証拠に、業者側は、弁護士を立てずに公判に臨んでいた。本気で賠償金を取得しようとするのであれば、当然、専門家である弁護士を代理人に立てる筈である。

この訴訟が提訴された時、「いのちと環境を守る会」は、次の声明を発表し「守る会ニュース」で全町内に態度を明らかにした。

「私たち『いのちと環境を守る会』は、この裁判とのかかわりはありませんが、他人事として無関心でいる訳にはいきません。本来、地元住民との『合意形成』を基本に進められなければならない処分場設置手続きの努力を放棄し、住民との係争をその手段としてことを進めようとする業者側の態度は、まさに、本末転倒といわざるを得ず、黙過することはできません。市長は、『市民との対決』を選択するようなかかる業者側の態度を容認することなく、処分場の設置を許可しないよう強く求めるものです」

この訴訟の事実上の当事者ともいえる「水と環境を守る会」は、対外的に何ら態度を表明せず、町民に対しても、一連の経過や顚末を報告することはなかった。他方、この訴訟の公判には〝業者の横暴を許さず、「処分場建設差し止め」訴訟を準備するための勉強を〟と、いう意気ごみで「いのちと環境を守る会」のメンバーが毎回多数傍聴した。「水と環境を守る会」からの傍聴は最初の一、二回を除いて殆んどなかった。

この裁判は仙台高裁まで争われたが、業者側が敗訴し決着した。

しかし、勝訴したにもかかわらず郡山市中央町内会連合会は、弁護士費用として百数十万円を支払うことになり、その約半額を「水と環境を守る会」が負担した。

第四章　裁判で決着へ

1 戸惑いと尻込み

井戸まで三〇メートル——でも裁判は!

三月十二日、林境周辺一帯の現地調査が始まった。

広田、渡辺純両弁護士、谷藤允彦応用理学部門技術士（地質調査専門家）を迎え、「いのちと環境を守る会」役員と林境住民の合同調査である。

林境地内には、上水道が引かれていないため、飲料用共同井戸と個人用井戸が合わせて七つある。測定の結果、処分場予定地から共同井戸までは二九〇メートルで、その他の井戸もすべてそれ以内の距離に位置している。一番近いところは、わずか三〇メートルである。予定地の地形は、急勾配の沢が住宅街を突き刺すような形状になっており、処分場からの浸出水は住宅街を直撃し、井戸水への悪影響は避けることができない。

「これはひどい、井戸水が汚染されたら、ここでは生活できなくなるぞ」

参加者は一様にこの処分場計画に憤りを感じた。

会場を三穂田公民館に移した午後の拡大役員会では、真剣な話し合いが行われた。この拡大役員会への参加者は四十数人であるが、そのなかに林境の住民十五人も参加していた。

「あの状態を考えると、浸出水によって井戸水の汚染が心配ですね。処分場で有害物質などが発生するようなことになれば大変なことになります。建設差し止めの訴訟を起こす必要があると思いますが」

と、広田が単刀直入に差し止め訴訟の提訴を準備するよう切り出した。

「裁判といっても、私たちはどうしたらいいのか、全く見当がつきませんし、自信がありません」

矢崎は裁判に対する不安と戸惑いを隠さず、率直に自分の心境を述べた。

「みなさんには浄水享受権という基本的な人格権があります。もし、飲料水が汚染されたら生命・健康が脅かされます。まさに、生存権そのものが侵害されるわけです。安定五品目は安全などとはいえないことが明らかになっており、さまざまな有害物質の発生が懸念されています。いま、真正面から業者に断念を迫るべきではないでしょうか」

「先生のお話の通りで、毎日毎日心配なんですが、私たちは裁判の経験もありませんし、多分、無理ではないかと思うんですが」

「いや、科学的なことや法律のことは、われわれ弁護士がやりますから心配いりません」

「それじゃ、私たちは何をやればいいんでしょうか」

「裁判手続上の仕事はありません。あるとすれば、井戸が汚染されたら、生活が出来なくなり、住めなくなることなどについて、それぞれの思いを陳述書に書いてもらうくらいです」

「先生たちにお願いしてやるべきでないかなぁ。裁判ではっきり決着つけたほうがいいと思うよ」

菅田晴雄が参加者を見渡し、促すように言った。菅田は野田区の副区長で、いつも前向きな意見を出し、積極的に運動に参加している。

「ところで、この裁判は、守る会の代表幹事が名前を出すことになりますか」

「いや、原告は井戸水を利用している人になります」

参加者は誰もが原告は「守る会」と考えていただけに、会場には一瞬、戸惑いにも似たざわめきが起こった。

「原告には、井戸水を飲んでる全員がならなければならないんですか」

小田が深刻な表情で、広田に尋ねた。

「いや、何人でもいいんです。ただ、一人では個人訴訟みたいになりますので、住民の集団訴訟ということから考えれば、出来れば三〜四人以上になればと思いますが」

結局、この日は結論は出ず、引き続き検討することにし散会した。

ただ、閉会にあたり、吉川からの次の提案を役員全員一致の意思決定として確認した。

「原告団は法律の建前上、林境のみなさんになるとのことですが、処分場は三穂田住民全体の問題です。この裁判は、林境のみなさんが代表して前面に立つということであって、町民全員が事実上の原告だと思います。ですから、『守る会』は、裁判の上でも裁判費用の面でも、責任をもって取り組んでいくことになります。原告のみなさんとがっちりスクラムを組んでたたかっていくことを確認したいと思います」

この確認が林境住民の不安感をやわらげ、ちから強い励ましにはなったものの、原告にならなければならないという重圧感は依然として重くのしかかっていた。

「いまが提訴のタイムリミットだ」

四月一日、塩ノ原集会所に「守る会」の地元役員と林境住民二十人が顔を揃えた。裁判についての最終的な態度を決めるための話し合いの集まりである。

冒頭、保科が「守る会」として裁判闘争を全面的に支える決意を述べながら、本音の話し合いで結論を出して欲しい旨の開会あいさつを行い、協議に入った。

協議の進行役を務める矢崎自身、裁判で争う決意はしているものの、果たして体制がつくれるかどうか、先の拡大役員会以降悩んできた。具体的に何人が原告を引き受けてくれるか、心配なのである。

「裁判で業者に態度をはっきりさせることが一番すっきりした決着になると思いますが、みなさんの率直な意見を出してください」

裁判についての基本方針すら示さないで協議するのだから、常に歯切れのいい矢崎もさすがに戸惑いをかくせない。

見かねた吉川が口火を切った。そして話し合いは質疑応答のような形ですすんでいった。

「いま、いろいろ取り組んでいる私たちの活動について、マスコミもとりあげていますので、運動への支援の輪も広がり、世論も高まってきています。そのことは、業者もよく知っている筈です。しかし、業者に断念させるところまで追い込んでいるかどうかはわかりません。裁判は、法廷の場に業者を出廷させ、直接建設中止を迫り断念させるたたかいです」

「話はわかりますが、私たちは裁判の経験もないし、とても不安なんです」

「拡大役員会でも話されたように、法律的なことや専門的なことは、弁護士がやってくれますので心配いりません。つくられて生活できなくなることを考えたら、迷っている暇はないと思いますよ」

「ところで、裁判をやれば必ず勝てるんでしょうか」

「私から必ず勝てると断言はできませんが、全国のいくつかのところで、飲み水汚染の危険性を指摘した住民勝訴の判決が出ています。広田弁護士が言ってたように、きれいな水を飲む権利は、人間の生存権にかかわる基本的な権利です。処分場による汚染の危険性を科学的に明らかにし、この基本的な権利を法律的に主張しなければ、業者は建設を強行してくると思います。物事にはタイミングというものがあります。裁判に出すとすれば、いまがタイムリミットだと思います。これ以上手続きが進んでしまえば、業者は簡単に諦めないでしょう。私はいま決断すべきだと思います」

「裁判費用も相当かかるんじゃないですか。だいたいどのくらいかかるんでしょうか」

「いくらかかるかわかりませんが、ゴミ弁連が引き受けてくれるので、費用は相談にのってくれるとのことです。費用は守る会が全額もちますので、心配しないでください」

話し合いは、林境住民と吉川のやりとりに終始した。

この話し合いのなかで吉川は、会議に参加していた元警察官の野辺慶雄に原告の一人になってくれるよう要請した。

「野辺さん、何回も繰り返して申し訳ありませんが、何とか原告になってくれませんか。この前の三穂田公民館での会議の時もお話しましたけど、村田町竹ノ内処分場の暴力団関係者の介在などの例を考えると、野辺さんのような方に原告になってもらうのは、裁判は勿論、運動の面でも力強い限りなんです。何とか考えてくれませんか」

定年退職しているとはいうものの、野辺は元警察官である。住民運動の側に身を置き、まして住民訴訟の原告になることなどがいかに困難なことであるかは、充分承知のうえで吉川は訴えた。

しばらく考え込んでいた野辺が、困惑した表情で答えた。

「いまここで何とも申し上げることはできません。考えさせて下さい」

率直にいって、この会議は全体を通して、吉川による強引とも思われる説得の場となった。

「どうですか、みなさん、わたしはやるべきだと思いますが、今日、結論出すことできるでしょうか」

矢崎が参加者を見渡しながら、結論を迫った。

「業者に届かないような遠い所から石を投げている運動に見られたら、追い詰めることにはならないかもしれません。業者に真正面から直接ぶつかっていくためにも裁判はやったほうがいいと思いますけど」

久美が自分の率直な考えを言った。

参加者は、久美の発言に促されるようにうなずいた。

「それでは、裁判をやることにしていいでしょうか」

矢崎の問いかけに全員が賛同し、裁判に取り組むことが確認された。

〝これで果たしてよかったのか〟吉川はそれからの数日、思い悩んだ。

〝みんなで話し合い、みんなで決めて、みんなで行動する〟と言い続けた自分自身の約束に反するのではないか。自分が無理やり押し付けたのではないか。万が一、勝訴できないようなことになったら、どう責任をとったらいいのか。この運動のなかで直面した大きな葛藤だった。

この協議の場では原告団の結成には至らなかったが、矢崎が中心になって原告団を結成することが申し合われた。そして後日、吉川は矢崎から、引き受けの承諾を得た原告の名前の報告を受けた。

小田正治、矢崎英示、野辺慶雄、村上六郎、根岸篤、岩原和子、清野忠の七人である。原告団長は、長老の小田が引き受けた。

後に野辺は吉川に対し、原告になる決断をする時の思いを次のように話している。

「いろいろ思い悩んで、信頼している元同僚の先輩にも相談しました。先輩からは〝やるのはいいだろうが、裁判に負けたら大変だぞ〟と言われました。いろいろ考えた末、退職後の生活を静かなところでと、この地に住んだのに、飲み水が駄目になったら生活は出来なくなるし、共同井戸組合の責任者として団地のみんなと一緒にやってきたことを考えると、ここで逃げるわけにはいかないという結論に達したんです。矢崎さんに返事をするまで何日かずいぶん悩みました。でも今考えれば原告として頑張ってよかったと思ってますよ」

「ゴミ弁連シンポ」に五〇〇人——新たな確信が

四月二十三日、「ゴミ弁連」シンポジウム開催当日、三穂田ふれあいセンターは一月の講演会の時と同じように、役員たちが朝からあわただしく動いていた。全国から多数の弁護士が参加する大規模なシンポジウムとあってか、緊張した雰囲気のなかで準備作業がすすめられている。

午後一時半の開会を前に続々と参加者がつめかけ、五〇〇人を超える聴衆で会場は満杯となった。

「守る会」代表幹事の須藤利一が一月の講演会に続き、「ゴミ弁連」弁護団や来賓への歓迎の意を込めた開会あいさつを行った。

「ゴミ弁連の先生方、このような片田舎にようこそおいでいただきました。心からお礼を申し上げます。ご覧の通りわが三穂田町は、豊かな自然と肥沃な安積平野をいただく純農村です。宮本百合子の処女作『貧しき人々の群』の舞台になったのは、この安積平野の開拓風景と農民の暮らしです。私たちはこの地をこよなく愛しています。安心して安らぐことのできる古里です。このすばらしい古里をこのまま、子や孫の代に引き継ぐことが私たちの使命だと考えています。産廃処分場は、絶対に阻止する決意です……」

古里への限りない愛着と処分場建設阻止の決意がみなぎる須藤のあいさつに、会場から大きな拍手が送られた。

広田の進行でシンポジウムが始まった。

福岡から日帰りで駆けつけた馬奈木昭雄弁護士は、九州鹿屋市の産廃処分場工事禁止訴訟で勝訴した運動での住民の体を張ったたたかいを紹介し、反対運動に取り組んだすべてのところで建設を阻止し、差し止めた経験を話した。そして、数々の教訓を具体的に報告し、「住民がたたかう強い決意をもって力をあわせれば、必ず勝利できる」ことを強調し、「守る会」のたたかいを激励した。

馬奈木は、水俣病福岡訴訟弁護団副団長、三井三池じん肺訴訟弁護団長、筑豊じん肺訴訟弁護団長を歴任し、国民的関心を呼んだ諫早湾干拓事業に反対する「よみがえれ！ 有明」訴訟弁護団長を務めるなど、一貫して住民運動を支援してきている。

続いて増田隆男弁護士が、安定型処分場設置差し止め訴訟での勝訴の先駆けとなった宮城県丸森町の反対運動について詳しく報告し、勝利の要因を次のように述べた。

「第一は、住民が直ぐに行動する意思を持って立ち上がるかどうかです。議論だけが先行して、いつまでも議論の世界に留まるような運動は成功しません。第二は、予定地周辺の道路や水路、隣地の状況などを調査し、多面的で豊かな戦術をとることです。裁判は戦術の一つに過ぎません。第三に処分場の危険性を誰にでも『見えるように』することが大切です。そして、マスコミとの関係を密にすることが重要です」

増田は、松山事件や日産サニー事件など刑事事件の再審請求にも取り組み、人権派弁護士としても知られている。

田中由美子弁護士は、千葉県富津市田倉の処分場工事差し止め訴訟で勝利判決を勝ちとった経過を説明しながら、安定五品目（廃プラスチック類、金属くず、ガラス陶磁器くず、ゴムくず、がれき類）それ自体の危険性を指摘した。その内容は次ぎのようなものである。《廃プラスチック製品の可塑剤であるフタルサンエステル、プラスチック原料のビスフェノールA、活性剤であるノニフェノールは、有害な環境ホルモンである。プラスチックには、カドミウム、鉛、シアンといった重金属が安定剤や添加剤の原料として含まれている。金属くずには、カドミウム、鉛、シアン、クロム、砒素、水銀などが含まれている。これらはいずれも有害物質で、人体に及ぼす危険性は計り知れない》

この千葉の判決は飲料水汚染の危険性を指摘して、工事差し止めを命じたもので、同じケースの三穂田の阻止運動に大きな励ましとなった。

最後に報告を行った青山貞一教授は、一月の講演に続いて、カナダのゴミ政策について詳しく解説した。住民運動をきっかけにリサイクルなどによって、ゴミを大幅に減らした結果、焼却炉をすべて廃止し、産廃公害から脱却したこと、燃やして埋める処理政策を根本から改め、ゴミの資源化と減量化に成功したことなど、具体的な例をあげながらわかりやすくその内容を説明した。そして、ゴミ問題の根底にある大量生産、大量消費、大量廃棄社会から抜け出す必要性を強調した。こうしたなかで、産廃処分場建設に反対し、国のゴミ政策の転換を求めて住民が運動に立ち上がっていることは極めて重要であると述べ、運動の前進に強い期待を示した。

四人の報告を聞き、かつ、ゴミ弁連の支援を確認できた参加者は、新たなたたかいへの確信を深めた。

シンポジウムには、産廃処分場建設に反対する県内の住民団体からも参加した。代表して次の五人が壇上から決意表明と連帯のあいさつをし、大きな拍手に包まれた。

二十一世紀の森処分場に反対する連絡会　半澤美子代表（いわき）
小野町処分場に反対するいわき市民の会　戸澤章代表（いわき）
命と環境を守る市民の会　桜井勝延事務局長（原町）
双葉町自然環境を守る会　半谷真男会長（双葉）
水を守る住民の会　渡辺和貞会長（二本松）

最後に吉川から「処分場建設差し止め」訴訟の提訴を六月二十七日に行うことを発表し、更なる支援を要請した。会場からは、この方針に賛同する大きな拍手が巻き起こった。

このシンポジウムには、全国各地から二十人を超える弁護士や環境学者が参加し、運動への支援を表明しながら、参加者を激励した。

シンポジウムの模様については当日夕方から、テレビ各局が大きく報道した。

NHKは、夕方と夜のローカルニュースのトップで、満員の会場と報告する各弁士の表情を放映しながら、シンポジウムの内容と「処分場建設差し止め」訴訟の提訴予定について報道した。

また、翌日の新聞各紙もシンポジウムの内容を詳しく紹介し、写真入りで報道した。

「飯食えなくなったら三穂田に来らんしょ」


その夜、地元三穂田温泉大広間は、大いに盛り上がっていた。

「ゴミ弁連」弁護団と地元住民の交流・懇親会である。懇親会は、シンポジウムの成功を喜び合い、次なるたたかいへの新たな決意の場となった。弁護士たちも、「ころも」をぬいで住民たちと杯を交わした。

酒もまわり、スピーチの先陣を切って、広田がジョーク交じりの自己紹介をした。

「貧乏弁護士の広田です。妻からは、もうそろそろ貧乏とお別れしたら、と言われるんですが、どうも、それは出来ないようですね。カネにならない仕事を断れないんですね。まぁ、これからも貧乏生活に追い回されていくでしょう……」

広田に右習いするように次から次と弁護士たちが貧乏話を披露し、会場を沸かせた。

「なんにもカネになんねえ仕事ばっかやてねいで、ちょっとはカネになる仕事やったらいいんじゃないですか。それとも、そんな仕事、回ってこないんですか」

「先生方、もし、飯食えなくなったら、三穂田に来らんしょ。米も野菜も味噌もあるし、食い物に不自由しないから、困ったらいつでも来てくなんしょ」

片岡と西沢の掛け声に会場は爆笑の渦となった。

片岡は、吉川と同じ地区に住む農民で、「守る会」の事務局員として活躍しており、今日は懇親会後のデザートとして、自分で栽培している自慢のいちごを弁護団に差し入れている。

あちこちで、弁護士たちを囲む輪が出来て、弁護士と住民の交流が深まっていった。懇親会の司会役である「ゴミ弁連」事務局次長の坂本博之は酒に弱いのか、いつの間にか寝込んでしまっていた。

「吉川さん、坂本のお尻、蹴っぽってやりな……」

懇親会も終わりに近づき、広田が冗談交じりに、坂本を起すよう吉川に促した。

「私は、そんな失礼なこと出来ませんよ。先生やって下さいよ」

吉川に断られた広田が、坂本のお尻をこずいた。

「おはようございます」

びっくりして起き上がり、まわりを見渡しての坂本の第一声である。これまた大爆笑である。

こうしてこの交流・懇親会は、弁護団と住民の距離を縮め、住民にとって貴重な経験となった。そしてその後、住民は弁護団に対して、裁判への不安や戸惑いを率直に打ち明けることができるようになり、提訴の準備をすることができたのである。

翌二十四日は、三穂田公民館に場所を移して、「ゴミ弁連」総会が行われた。

総会では一〇月に、ゴミの資源化と減量化に成功したカナダ・ノバスコシア州のハリファック市から関係者を呼んで、全国で講演会を開くことを決めた。また、三穂田の反対運動への全面支援も確認した。

ゴミ弁連総会後の処分場予定地の現地視察

弁護団の昼食には、吉川の手打ちそばとそば料理を振舞うことにした。朝から十数人が厨房に集まり、前年のそばまつりの経験を生かしながら、手際よく手料理作りに精を出している。

そのなかに、県議会議員の神山悦子もいた。神山は、この運動の当初から自主的にかかわり、講演会や現地視察などには都度、岩崎まりこ市議会議員らとともに、後援会員や支持者と連れ立って参加してきた。神山は共産党の県議であるが、三穂田には以前から知人や支持者が多く、住民とは気軽に交流できる間柄にあるため、この日も自ら厨房役をかって出たのである。

昼食時には、そば談義に花が咲いた。

「福島のそばの味は、どこにも負けないよ」

「いや、そばの本場はやっぱり、長野・信州ですね」

広田と長野から参加した中島弁護士が、笑いながら「論争?」し、旨そうにそばを食っている。

「先生がた、法廷で主張しあって、白・黒つけたらどうですか」

「そうだ、それが一番だな」

誰かが「仲裁役」の声を上げたため、会場には笑いが起こり、楽しい昼食会となった。

午後は、処分場予定地とその周辺の視察が行われた。参加した弁護士たちは、異口同音に「これはひどい、無謀な計画だ」と感想を漏らした。

この総会と現地視察についても、夕方の各局のテレビニュースと翌日の新聞各紙で報道された。

2 いよいよ裁判だ

「建設差し止め」提訴

二〇〇六年(平成十八年)六月二十七日午後一時三十分、報道陣のテレビカメラがまわり、カメラフラッシュが光るなか、原告団、弁護団を先頭に五十人を超える三穂田町民が、福島地方裁判所郡山支部の門をくぐった。「産廃処分場建設差し止め」訴訟の提訴である。訴状は即、受理された。
訴状の概要は次の通りである。
一、請求の趣旨
①被告＝（有）伸光産業は、郡山市三穂田町山口字林境一―一の土地に産業廃棄物最終処分場を建設してはならない。
②訴訟費用は、被告の負担とする。
二、請求の原因
①安定五品目自体にも有害物質が含まれている（詳細略）。
②現在、廃棄物の厳格な分別は技術的に不可能であり、安定五品目以外の有害物の搬入が不可避である。
③環境庁や厚生省の調査でも、多くの安定型処分場で有害物質が検出されている。
④以上から、井戸水の汚染による重大な被害を受けることになる。
⑤その他、大気汚染や道路通行の危険性が増大する。
三、当事者
原告＝小田正治（原告団長）他六名
被告＝（有）伸光産業代表取締役　山本承澤
この訴訟には、「ゴミ弁連」の弁護士を中心に五十四人が訴訟代理人となり、この種の裁判としては異例の大型弁護団となった。

弁護団のなかには、四月二十三日のシンポジウムで報告者となった広田、馬奈木、増田、田中の各弁護士も名を連ねており、広田は常任弁護団の責任者となった。常任弁護団には、他に「ゴミ弁連」事務局次長の坂本博之（つくば市）、けやき法律事務所の渡邊純（郡山市）、水戸翔合同法律事務所の丸山幸司（水戸市）の三弁護士が就いた。

午後二時から郡山市中央公民館で行われた共同記者会見には、原告団、弁護団をはじめ、四十数人の三穂田町民も同席し、裁判勝利への決意を新たにした。会場には、全てのテレビ局、新聞社が取材に駆けつけ、関心の高さを示した。会見では、広田が弁護団を代表して、訴訟の内容を説明し、原告団長の小田が裁判勝利への決意を述べた。

この日、テレビ各局は差し止め訴訟のニュースを繰り返し報道した。

NHKは、夕方から夜にかけてのローカルニュースで、裁判所に入る住民の様子や記者会見の模様を放映しながら、「処分場差し止めを住民が訴え」のテロップを流し、アナウンサーが次のように解説報道した。

「郡山市郊外に計画が予定されている産業廃棄物最終処分場について、予定地周辺に住む住民が、処分場の建設は生活環境に悪影響を及ぼすとして、建設の差し止めを求める訴えを今日、福島地方裁判所郡山支部に起しました。この産業廃棄物処分場は栃木県の産廃処理会社伸光産業が郡山市三穂田町に建設を予定しているもので、広さ四万八〇〇〇平方メートルに建築廃材や廃プラスチックなどを埋立てする計画です。これに対して、建設予定地周辺の住民七人が今日、福島地方裁判所郡山支部に建設の差し止めを求める訴えを起こしました。訴えのなかで住民側は、処分場が建設されると廃棄物に含まれる有害物質が周辺の住民が使っている井戸水などに流れ込む危険性があり、生活環境に悪影響を及ぼすと主張しています。訴状を提出した後、住民側が会見を開き、このなかで広田次男弁護士は、健康をそこなわずに安心して飲める飲料水を確保する権利が侵害されるのを防ぐために今日、建設の差し止めを求めたと述べた。これに対して被告の伸光産業は、訴状がまだ届いていないのでコメントできないと話しています。」

翌日の新聞各紙も、三段見出しの写真入りで、大きく報道した。

業者が完全に断念するまで――総会で役員も倍化

七月十五日、二〇〇六年度「守る会」年次総会が開催された。

幹事会を代表してあいさつに立った橋浦代表幹事は、「処分場建設差し止め」訴訟の提訴直後とあって、運動の前進で情勢を切り開いてきた状況を説明しながら、決意溢れるあいさつを行った。

「われわれが運動を広げ、裁判を起したこともあってか、最近〝処分場は出来ないのではないか〟などのうわさもありますが、油断は出来ません。業者はそう簡単には諦めません。

業者が完全に断念するまで、気を緩めず頑張っていきましょう」
このあいさつが、総会の基本的な確認となり、次の活動方針が決定された。

一、裁判の勝利に向けて
①処分場建設差し止め訴訟での勝利を目指して全力をあげる。
そのために、毎回の公判に大量の傍聴体制を確立する。
②弁護団との連携を密にし、原告団、「守る会」が固く団結して、法廷の対策に当る。
③裁判所を世論で包囲するために、裁判所に対する要請活動（署名など）を実施する。
④公判内容を「守る会ニュース」等で全町民並びに広く市民に報告し、世論の形成につとめる。
⑤裁判内容についての報告集会を行う。

二、市当局に対し、不許可を求め要請を繰り返し行う。
①市長に対し、自然観察の結果報告と建設不許可を求める要請を行っていく。
②業者の動向（手続き状況等）について、担当課への問い合わせを随時行っていく（開示請求も含め）。

三、自然観察を適宜実施する。
①自然保護協会の協力を得て引き続き実施し、観察参加者を広く市内全域に呼びかけて

いく。

②処分場予定地観察会を行う。

四、村田町竹ノ内処分場の視察

あらためて現地の状況を詳しく調査し、裁判勝利への決意を固める。

五、講演会の開催

今後も時期を見ながら大・小の講演会を行う。また、区単位の報告会も実施する。

六、県内住民団体との交流

県内で反対運動に取り組んでいる住民団体との交流と連携を強め、共同のたたかいをすすめる。

七、マスコミ関係について

これまでの経験を生かし、マスコミとのコミュニケーションをはかり、運動に関する取材、報道が行われるよう努力する。

八、「守る会ニュース」の発行

これまで通り全世帯配布の「守る会ニュース」を発行する。

九、役員会

月一回を原則に適宜開催し、運動の前進をはかる。

十、財政活動

①裁判費用を含め財政の確立が急務であり、募金活動は、三穂田町内はもとより、全市的に実施する。但し、割当や強制は行わず、あくまで運動の理解に基づく自主的な募金を基本にする。

②財政活動として、物資販売などを検討する。

この方針を確実に実行していく役員体制も確立した。

多数の新たな幹事が追加選任され、役員・事務局員の総勢は九十四人となった。この数は、「守る会」発足時の倍以上となり、運動の前進を背景にした強力な布陣となった。

特に柳内が区長を務める川田区からは、今年の改選で新たに区役員に就任した十三人を含め三十四人が「会」役員に就いた。川田区は処分場予定地からいちばんの遠隔地であるにもかかわらず、この役員体制の力を余すところなく発揮し、運動全体の牽引車的役割を果たした。

総会の直前、代表幹事の伊原が辞任したい旨の意思表示をしているとの情報が吉川の耳に入った。何か思わしくない事態でも起こったのかと一瞬不安になったが、理由は定かではない。

「代表幹事辞めるって聞いたんだが、何かあったのかい」

「いや、別に何もないんだけど忙しくて、つい会議にも出れず、こんなことでは代表幹事の責任果たせないので……」

吉川からの電話に伊原が答えた。伊原は、きゅうりなどのハウス栽培を大規模に行っており、早朝から夜遅くまで多忙を極めている。きゅうりなどの収穫や出荷は、時間を争う作業で、一刻の猶予も許されない。

「伊原君の事情はみんな知ってるし、それぞれの事情や条件に基づいて運動に参加することにしているのがわれわれの会の申し合わせなんだから、気にしないでくれないかな」

「でも、やっぱり……」

「すでに、役員会では現役員の留任を決めており、役員の大幅な補強も準備しているし、ここで伊原君が辞めるとなったら業者に足元見られることになるんじゃないかと思うよ」

「わかった、なるべく出れるように頑張ってみるから」

しばらく考え、伊原が留任を決断した。

きゅうりも終わり、農作業に一呼吸つくようになって、伊原は積極的に活動に参加するようになった。

総会の活動方針に基づき行動が具体化されていった。

その一つとして、二回目の竹ノ内処分場の現地視察が計画された。この視察には、「守る会」役員を中心に三十八人が参加し、「竹ノ内産廃から命と環境を守る会」の佐藤正隆代表、岡久事務局長らと交流した。参加者の半数以上が初めて現場を目の当たりにし、周辺住民の深

竹ノ内処分場現地視察

刻な健康被害と生活環境破壊の実態を知らされ愕然とした。帰路に着いたバスの中には裁判勝利に向けた新たな決意がみなぎっていた。

この視察に幹事の二瓶喜六も参加していた。二瓶は代表幹事の植木と同じ芦ノ口に住んでおり、郡山医療生協三穂田支部の運営委員として地域の健康づくりに精を出していることから、産廃問題には早くから認識を深めていた。そして、植木が区長たちの協力が得られないなかで「守る会ニュース」の全戸配布や区民に運動への参加を粘り強く訴えている姿に心を痛めていた。二瓶は、後輩の孤軍奮闘とも思える活動を見かねて自分から幹事の役をかって出、持ち前の正義感を発揮して植木と行動を共にし、区内の信頼を集めていった。

「真摯に受け止める」——市長が回答

竹ノ内処分場視察を終え、一息つく暇もなく次の計画が待っていた。

「二〇〇四年十月から今年六月まで二十四回、処分場予定地周辺半径五〇〇メートルの範囲を観察・調査しました。その結果、県のレッドデータブックに指定されている野生生物が十八種類、生息・生育していることが確認されました。こんな狭い範囲内にこれほど多くの希少生物が生息している所はめずらしいです」

「県自然保護協会」の横田が調査報告書を差し出し、説明を始めた。

「新聞を見ましたので承知してます」

環境衛生部長の永戸法夫が報告書に目を通しながら口を開いた。

七月二十七日、郡山市役所環境衛生部長応接室でのやりとりである。

すでにマスコミが大きく取り上げて報道しているため、概略は承知していたようである。

この日は、「守る会」と「県自然保護協会」が共同して、自然観察・調査結果の報告と、処分場建設不許可要請を市長に申し入れるため、市を訪れていた。

「ご承知と思いますが、先月、処分場建設差し止めの提訴をしましたので、訴状もお上げしていきます。調査結果や訴状の内容などを市長に直接ご説明したいと思いますので、今度は是非会っていただくようお手配下さい」

「この件につきましては、これまでも申し上げてきましたが、担当課を窓口にしてお伺いしますので、ご了承いただきたいのですが」

市長面談の申し入れに対し、新しく就任した永戸も従来と同じ対応である。

「何ですか。私も区長として三穂田の将来に責任を負っています。原市長は選挙の時、われわれに、市民との対話を基本に市政を進めると約束したんですよ。市長は市民の代表ではないんですか。なぜ会えないんですか。市長が市民に会って、業者からグズグズ言われる筋合いはないと思いますよ」

橋爪から代わった八幡区長の安井が、永戸部長に詰め寄った。

「いずれにしても、今日の申し入れの趣旨を報告し、後日ご返事いたします」

二十日後の八月十五日、市長からの回答書が届いた。やはり面談拒否である。しかし、今回は若干中身に触れる内容になっていた。

「……また、申し入れのありました趣旨につきましては、市としても十分に承知しているところであり、今回御提供のありました当該地区の希少野生動植物の生息・生育に関する『調査報告書』及び『産業廃棄物最終処分場建設差止請求』に係る訴状内容につきましても真摯に受け止めております。……なお、今後とも、本市の環境行政に対して貴重なご意見、ご協力を賜りますようお願い申し上げます」

こうして、前にも述べた通り、市長との直接面談は最後まで実現しなかった。

最後の追い込みに――ゴール直前が勝負どころだ

これらの動きと並行して、三つの大きな仕事が待っていた。

「吉川さん、第一回口頭弁論期日が九月十九日に決まりました。近いうちに打ち合わせをしたいんですが。それから、十月のゴミ弁連全国縦断講演会は、三穂田を皮切りにやりたいんだけど。こちらの計画では十月七日なので、何とか準備してくれませんか」

広田からの電話は、口頭弁論（公判）は勿論であるが、講演会の日程もすでに決定していることを前提にした口調である。

「急いで相談して、あとでご連絡します」

吉川の応対はいつになく歯切れが悪かった。

すでに、裁判費用などの財政確立のため、スルメ販売活動を大規模に行うことを確認しており、五〇〇人規模の講演会と公判対策、この三つの大仕事を同時並行で進めなければならないことに、いささか戸惑いを感じていたのである。

八月十日の役員会には四十人を超す役員が参加し、活発な議論が交わされた。

「来月の裁判では何をしなければならないんだい」

「二日に広田事務所に行っていろいろ打ち合わせをしてきたんだけど、それに基づいて弁護士のほうで準備するそうです。ただ〝意見陳述〟を誰かやらなければならないので……」

「意見陳述って何だい」

「なぜ裁判を起したのか、その理由や気持ちを、公判の冒頭に裁判長の前で述べることで、原稿を読めばいいんで、別にそんなに難しいことではないと思うけど」

「誰がやるようになるんだい」

「原告なら誰でもいいんだけど、やっぱり小田団長じゃないかい」

弁護士と打ち合わせをしてきた保科や矢崎、吉川らが説明する形で協議が続いた。

「小田さん、やってくれませんか」

「やっぱり僕がやらなければならないんだろうな……みんなと相談して準備したいと思うけど、これはなかなか大変なことになったなぁ」

矢崎から要請され、小田は意見陳述を行う決意をした。

話は講演会をどうするかに移った。

「先ほど事務局長から十月七日に講演会という話があったが、それはもう決まってるということなのかい」

「ゴミ弁連では、全国五カ所でやるようだけど、郡山から始めて、順序よく回れるように計画してるようです。これまで二回成功させている実績から、三穂田なら人も集められそうだし、最初の講演会を成功させて、勢いをつけたいのではないかな」

「それにしても、今度もまた忙しい時だな」

「みんなに、なんで忙しい時ばっかりやるんだって言われんでないか」

「四月も同じだったけど、何とかやったんだから、なんとかなるんじゃないか」

「いや、今度はそう簡単ではないぞ、おんなじことやってたんじゃ失敗すると思うよ」

「マンネリ化もしてるしな」

「やんねい訳にはいかねんだろうな」

「それはそうだ、どうして人集めっかだな」

「やっぱし、四月にやったローラーやるしかあるまいな」

話合いは、開催することを前提にはしているが、率直にいって〝またか〟という気分もあり、四月のような意気込みがない。

「いろいろやることがいっぱいあって、大変なんだけど、ここで弱みを見せたら、一挙に業者は進めてくんではないかな。〝業者が諦めたんじゃないか〟という噂が流されて、運動に緩みが出た頃が危ないと言われているんです。全国にはそんな例がいくつもあるんです。いま、われわれは、確実に業者を追い詰めていると思うんです。すでに業者は、三穂田で講演会はやるだろうと思ってる筈だし、失敗したら足元を見られることになります。まさにいまは山場であり正念場だと思います。私としては、最終的に業者を断念させられるかどうかを占うくらいの大事な講演会になると考えています。そういう意味で一月や四月とは違った講演会になると思ってるんです。問題は、われわれの〝業者に一呼吸させないで完全に追い詰める〟という〝かまえ〟ではないかと思っています。われわれがそのかまえと意気込みで、訴えれば必ずみんなわかってくれる筈です」

どうどうめぐりの議論に業を煮やした吉川が、一挙にまくしたてた。これまで〈押し付け、引き回しをしないように〉と常に心がけてきたのだが、〈今度の講演会が失敗したら〉とのあせりがそうさせたのである。しかし、それが結果的に、みんなの気持ちを奮い立たせることになった。

「そうだな、ここまできて弱み見せる訳にはいかねえもんな」

「最後の追い込みだな、ゴールでちから抜いたほうが負けだべ、がんばっぺよ」

得意のローラー作戦が、四月を上回る勢いで行われていった。

3 業者「建設困難」ほのめかす

「困難」ではなく「建設取り止め」の意思はあるのか

九月十九日午後一時三十分、第一回公判が開廷した。これまで地裁郡山支部では、意見陳述を認めた例が殆んどないため、小田団長の陳述が許されるかどうか確信はなかった。ところが予想に反し、見米正裁判長が簡単に陳述を認めた。

「私は、七十歳まで中小企業の経営者として働いてきました。しかし、後半は苦戦を強いられ心身ともに疲労困憊の日々の連続でした。そのため現役引退後は夫婦で静かな自然の中でゆっくり暮らしたいと生活設計を考え、どうにか住居をかまえることが出来たのが現在の住まいです。この地は、周囲が緑に囲まれ清流が流れる静かなところで、木々の葉や動植物は四季とともに姿を変え、私たちに四季の美しさを教えてくれます。『福島県自然保護協会』の二十四回の調査によって、この周辺一帯に貴重な野生動植物が生息し、県がレッドデータブックで指定している絶滅危惧や希少種の動植物が十八種類も確認されています。このことは広くテレビや新聞各紙で報道されましたが、この調査結果を聞いて、野鳥の鳴き声、小動物、草木などに強い関心を持ち、われわれ人間と自然との関わりを新たに見つめるようになりました。現住所に落ち着き、心身ともに休まる良い所に住んだというのが私ども夫婦の実感でした。平成十四年十一月二十四日、私たち区民が集会所に呼ばれ、産廃処分場建設計画について業者から説明を受けました。しかし正直いって私は産廃処分場について何の知識もなく、いま程危機感を持ちませんでしたが、建設に同意しないという態度をとりました。区全体としては反対でした。そうしているうちに全国各地の産廃処分場での住民の健康被害や環境破壊の実態が知らされ、あらためて『これは大変だ』と感じました。そして、処分場建設反対運動に参加するようになり、全国で起こっている状況を知り、また、裁判での判決例なども勉強するなかで『井戸水は大丈夫か』ということに気付きました。私たちの住まいは、区から一・五キロメートルほど里山の方に入った十七戸の集落です。これまで数回にわたり市に上水道を引いてくれるよう陳情しましたが、本管との距離が長いことを理由に上水道の設置はいまだに実現していません。そこで私たちは、ボーリングによる共同の深井戸を利用し、飲料水をはじめ生活用水に使っております。また、六世帯の方は個人で井戸を掘って利用していますが、私どもの集落のすべての世帯が井戸水を利用しています。全国のいくつかの裁判例を見ているうちに『自分たちの命の源である井戸水が汚染されたら、生活が出来なくなる』ことを知り愕然としました。ようやく手に入れた平穏な生活から一転地獄に突き落とされるような思いにかられ、不安と恐怖でストレスがたまり、夜も眠れない日が続きました。計画されている処分場から私たちの住宅地までは数十メートルの距離で、しかも、処分場は住宅地に向かって流れ下る沢を利用して建設される設計になっており、まさに住宅地に突き刺さる形になっています。こんな所にこのような計画をする業者の考え方に大きな疑問と憤りを感じます。また、私たちに住宅地として分譲した同じ地主が、隣接する山林を産廃業者に売却し、処分場建設に同意し協力していることにも強い怒りを感じます。私は今年三月に消化器系疾患で約一カ月入院加療しました。いまは回復し、もとの生活に戻りつつあります。私はこの地に移り住んでから毎朝四〇～五〇分間散歩し、澄んだ空気、緑豊かな自然を満喫しています。この健康で心静まる生活だけは手放すことはできません。処分場ができれば私たちの生活は根底から破壊されてしまいます。私は、大正生まれで戦争で我慢を強いられ、戦後は復興で我慢を強いられ、今回の産廃業者の横暴で、もう我慢は限界です。この強い願いと危機感から今回の訴えとなった次第です。どうかこの私たちの切なる心情をご理解いただきたく、心からお願い申し上げ、陳述といたします。」

小田は八十歳で大手術をし、回復しつつはあるものの、まだ完全に健康を取り戻してはいない。声をふりしぼり、身を震わせて、切々と訴える小田の陳述に、裁判官も神妙な表情で聞き入り、傍聴席も水をうったように静まりかえった。

意見陳述は、正式な証言や証拠とは違って裁判記録には残らないが、裁判官に自分の思いや願いを率直に訴えることの出来る大切な機会である。

小田の意見陳述に続いて、原告、被告双方の冒頭陳述に入った。

裁判所に提出された被告（有）伸光産業の答弁書は、本案前の抗弁を主張し、訴えの却下を求めている。即ち、内容の審理をするまでもなく原告の訴えを却下せよというものである。その理由は、

①被告が市からの意見と質問に対し回答したが、市が再度質問し回答を求めてきている。

②処分場建設に反対する人が多く、予定地の土地所有者が、予定地を売却できないと主張している。

③これらのことから、処分場の設置や操業は、著しく困難になっている。

④処分場の設置・操業が不可能であるから、原告主張のような人格権の侵害が生ずる蓋然

性は殆んどなく、原告らの主張は失当である。

要するに、建設の可能性がないので、井戸水の汚染などは起こる筈がない。従って汚染するか、しないかなどの検討の必要はなく、門前で却下せよというのである。

「設置が困難で不可能という主張と、設置の意思がどうなのかというのは全く別問題です。設置についての意思はどうなんでしょうか。設置をしないという意思があるのか、ないのか、はっきりしていただけませんか」

原告弁護団の広田が、ただちに反論し、回答を求めた。

「郡山市に提出している設置の申請を取り下げることを検討したいと思っています。検討期間を二ヵ月ほどいただきたいのですが」

被告代理人の石澤茂夫弁護士が、申請の取り下げをほのめかした。

「仮に、申請を取り下げても、本訴訟のなかで〝建設しない〟との和解調書などでの確認がなければ、最終的な当事者間での解決にはなりませんので、その点を申し上げておきます」

広田が、裁判での法律的な決着以外はないとする基本点を主張し、第一回公判は終わった。

公判傍聴には四十八人が詰め掛けた。一般傍聴席が二十五しかないため、約半数が法廷前の廊下で待機する状態だった。入りきれない傍聴者を見渡しながら法廷に入っていった裁判官が、本訴訟にかける住民の強い意気込みを感じたであろう情景だった。

幻想は禁物

閉廷後開かれた報告集会で、重要なことが確認された。

①業者がいう「建設困難・不可能」は、「建設をしない」ということではない。不可能と思っていたが条件が整ったので設置する、ということは充分あり得る。

②市に対する申請の取り下げを検討するとしているが、検討した結果取り下げないことにした、ということは充分考えられる。また、一旦取り下げても、時期を見て再度申請することは可能である。

③業者の言い分に幻想を持って安心することは極めて危険である。

④マスコミなどが〝業者が断念〟のニュースを流す可能性が高いので、住民のなかに、解決ムードが生まれることが懸念される。直ちに「守る会ニュース」で全町民に問題点を周知する。

⑤そのためにも、十月の講演会は必ず成功させる。

案の定、テレビ、新聞とも一斉に「業者が建設を断念」と報道した。

「吉川さん、よかったない、ご苦労さんでした」

心配は的中した。夕方から夜、そして、翌日まで電話が鳴り響いた。

早速「守る会ニュース」の作成に取り掛かった。しかし〝わかりやすく〟の思いだけが先走ってなかなか原稿がまとまらない。隣で佳子も、あせりの表情でニュース作りの準備をしている。

これまで、ニュース作りは、もっぱら佳子が担当してきたが〝わかりやすくて、いいニュースだ〟と好評を得ている。佳子は、郡山医療生協の機関紙「みんなの健康」や神山県議会議員の月刊機関紙「こんにちは　神山えつこです」の編集に携わっており、その経験を「守る会ニュース」作りに生かしているのである。

ニュース作りは夜半までかかったが、見出しの多いニュースとなった。

『業者側―〝市への申請取り下げを検討する〟と表明するも／「建設を取りやめる」とは言明せず／裁判での「取りやめ確認」に応ぜず・なぜ検討期間二ヵ月も／検討の結果「とり下げない」ことも／不透明な現状を打開するためにも／「10・7講演会の成功が「建設とりやめ」を迫る力に！』

見出しで理解してもらおうと、大見出し、小見出しを多くした。そして、ニュースは最後に「……産廃問題の完全な決着には、規範力（法律的効力）をもつ裁判所での『建設とりやめ』の文書確認（和解調書や認諾調書など＝判決と同じ効力）が不可欠となります」と〝完全な決着〟のありかたについて明らかにし、町民に訴えた。

「守る会ニュース」は翌日から町内全世帯に配布された。

緊急役員会も開かれた。役員会には五十人が参加したが、いつもと違う空気が漂っていた。力はゆるめられないと自分に言い聞かせながらも、どこかに〝阻止できるのでは〟との幻想を、誰もが持っていたのは事実である。

「ところで、業者の本音はどうなんだろうな」

「かなり、参っているんではないか」

「本当に取り下げんだろうか」

「裁判であれだけ言ってんだから、取り下げざるを得ないと思うよ」

「でも、わかんねえな」

「産廃業者は、ナマでは食えねえといわれてっぺ、安心はできねえぞ」

話し合いは、一種の幻想と業者に対する不信感が交錯する形で進んでいる。

それもその筈である。公判傍聴に参加しなかった役員もかなりいたのである。

「いま、いろいろ考えたり、予想してみても始まんねんでないのかい」

黙って聞いていた柳内がポツリと言った。

「やっぱり、勝負は下駄を履くまでわからないといわれていますが、前から事務局長が言ってるように、業者が完全に断念するまで、運動を強めていくことが大事なんではないでしょうか」

若さを意識してか、いつも遠慮気味の清野が、めずらしく発言した。

「最後の追い込みだと思うんで、頑張っぺよ」

序々に全体の意思が〝手を緩めずに〟の方向にまとまっていった。

いつも、確信のない発言から始まり、誰かが〝前向き発言〟をしてはじめて議論が進むというのが、この役員会のパターンである。

「業者は、十月の講演会開催は知っており、成功するかどうか見ているのは確実です。こちらが気を抜かず活動を強めていくかどうかは、業者が一番気にしているところだと思うんです。われわれの動きが業者に通報されるルートがあるのではないかと思われますが、もし、そうであればむしろわれわれの意気込みを知らせることが出来て大変都合がいいんです。講演会を成功させ、スルメを売ってカネもつくって、阻止するまでたたかうという体制をつくることが、具体的に相手を追い込むことになる筈です」

吉川が抽象的な議論から具体的な行動について発言した。

議論の結果、最終的にこの発言で、全体の意思統一を図ることが出来た。

講演会成功が断念迫る決め手

どのくらい集まるか、四月のような確信が持てないまま十月七日の開催当日を迎えた。

午後一時、開会の三十分前、原町の桜井事務局長から電話が入った。昨日の豪雨で道路が寸断されバスが通れないので参加できないとの連絡である。原町からはバス一台五十人の参加が予定されていた。出ばなをくじかれた感じで不安を抱えながら、参加者の来場を待った。

午後一時半、四五〇人を超す参加者で会場は埋まった。

大成功だった講演会

さまざまな困難な条件を乗り越えてやりあげた成果を目の前に、役員誰もが充実感をかみしめていた。

この講演会は〝燃やさず、埋め立てず、ゴミの資源化で産廃公害から脱却する〟ことが可能であることを、カナダの経験から学ぶことを目的に「ゴミ弁連」が計画したものである。講演は、カナダ・ノバスコシア（Nova Scotia）州固形廃棄物資源分析官のボブ・ケニー（Bob Kenney）氏とＨＭＪコンサルタント社長のレイ・ハルセイ（Ray Halsey）氏の二人が行った。二人は、ノバスコシア州の環境問題の第一人者である

ケニー氏は、政府側の立場から、ノバスコシア州が取り組んできた廃棄物の資源化と減量化のための同州独自の分別回収方式について、その実例を紹介した。そして、「ゴミはゴミでは

なく資源だと、頭の考え方を変えて欲しい」と述べた。

ハルセイ氏は、旧式の焼却炉や野焼き、一九八〇年代の無秩序な処分場の実態を紹介しながら、政府と住民が一緒になってゴミの資源化に取り組んできた経過を説明した。また、最終的に最小限の処分場が必要になった場合、その選定には科学的なデータと住民の協議・同意が絶対必要条件だと強調した。

この二つの講演が、いわゆる〝ゴミは出るのだから処分場はどこかにつくらなければならない、自分もゴミを出していながら自分の裏山はごめんだというのはエゴだ〟との俗論に具体的な実例で反論するものとなった。参加者は、ゴミの資源化と減量化で〝燃やして、埋める〟ゴミ政策の転換は国の施策一つで簡単に実現できることが理解でき、処分場建設反対運動が道理のあるたたかいであることに確信を深めた。

二つの講演の後、弁護団の広田から第一回公判の内容が報告された。

そのなかで広田は、業者が建設断念の意思表示は一切していないこと、裁判所での法的効力をもった確約以外の解決はないことをわかりやすく説明し、業者が明確に建設しないことの意思表示をするまで運動を強めて欲しい、と訴えた。

講演会の成功は、建設阻止への淡い幻想や日和見的な意識状況を払拭し、完全勝利まで手をゆるめずたたかう意思を固め合うあらたな転機となった。

講演会の成功をうけて役員会が開かれたが、いつになく話が弾んだ。

ボブ・ケニー氏（右）とレイ・ハルセイ氏（左）と筆者（講演会後の交流会で）

「心配していたけど、集まってよかったなぁ」
「最初は、なかなかのれなかったけれど、事務局長のハッパがきいたんでないか」
「なんで忙しい時ばっかりやるんだとずいぶん言われたけど、負けないで説得したよな」
「そうだな、四月の時よりずいぶん歩いたもんな」
「外国語なんかわかんないし……という人もずいぶんいたし、今回は結構、苦労したな」
「はっきりいって、あんなに集まるとは思わなかったが、これもみんなの踏ん張りの結果だよ」
「業者もちょっとはびびったんでないか」

〝頑張っただけのことはあった〟という達成感をしみじみと噛みしめるように、次から次と感想が語られた。

スルメといっしょに運動を売ろう

「ところで、次の公判が十二月十九日に決まってるけど、この公判では決着の見通しか、長引くか、だいたいわかるんじゃないかな。当然長引くことも考えておかなければならないし、それに備えてスルメ売りを頑張らなければならないと思いますが……」

吉川が話題を財政活動に変えた。

「事務局長、カネはどのくらいつくるつもりなんだい」

「べつに、いくらと決めているわけではないけど、どのくらい売れるかによってだな」

「一束いくらぐらいするんだい」

「一束二〇〇〇円で売るように、計り直すことになるね」

市内の労働団体が、長年スルメの斡旋販売を行っている。吉川が北海道の友人を通じてするめ製造業者を紹介しているのだが、吉川自らも販売活動に協力しているため、スルメの取り扱いには詳しい。

「ところで、何束ぐらい売れるかな」

「どこでもイカにんじん作るんだから、売れると思うよ」

「よそから買われてしまってからでは遅いので、早くやらないとなぁ」

「一二〇〇軒あるんだから一軒一束買ってもらっても、一二〇〇束は売れんじゃないの」

「いや、そうはいかねえぞ。区長が協力しない区もあるし、どこの区も同じくはいかないと思うよ」

「おれのところでは、一戸一束を目標に区の評議委員で分担するつもりだ」

柳内が具体的な目標をあげた。柳内の区の戸数は二〇〇余である。

「まぁ、とりあえず五〇〇というところだべな」

だれが言うともなしに、五〇〇束が売り上げ目標となった。物品販売は初めてであるが、品物がどこでも正月料理に使うスルメとあって比較的気軽に取り組める雰囲気である。

「運動の資金作りにスルメを売るのが目的だけれども、反対運動に協力してもらうという意味もあると思うんで、売るときにそのことも言って貰いたいんだが」

吉川が労働争議団の物品販売活動に携わった経験から、スルメ販売活動の別な側面と意義について提起してみた。

「そうだな、運動を理解している人はすぐ買うと思うんだけど、そうでない人でも買った人は、運動に協力したという気持ちになるんじゃないかな」

「スルメを売るということは、反対運動に協力する人を増やすことになるかもな」

スルメ販売は地味のように見えるが業者を着実に追い詰める確かな力になることを確認しながら、具体的な準備活動に入った。

十月末、北海道からスルメが入荷し、三穂田公民館での作業が始まった。

二〇〇〇円束に計り直しての袋詰めである。段ボール箱を開きスルメの束をばらす者、ばらしたスルメを計り直す者、計り直したスルメをビニール袋に詰める者、その袋をバックシーラーで密封する者、袋詰めされたスルメを段ボール箱に詰め代える者、それぞれの持ち場で慣れない手つきで何とかこなしているが、相変わらず口の方は達者である。

「本場北海道の手作り高級スルメをうたい文句にしているようだが、旨いのかな」

「このスルメは冷凍ではなく、氷詰めで運んできたイカを手作業で加工し、天日干しで作るので、スーパーあたりで売ってるのとは全然違う品物なんだ」

すかさず吉川が、取り扱うスルメの作り方や品質の説明をした。

「講釈だけではわかんねいよな、喰ってみないとなぁ」

「吉川さん、なんでも味見というものがあんでないのかい」

「あー、これは旨いな、一杯あればなおいいんだけどな」

「簡単にスルーッと裂けるのは冷凍イカのスルメらしいよ。手作りの本物は、毛ば立つように裂けてしょっぱくない筈なんだ」

「吉川さんは、スルメのプロなのかい」

「四〇年来やってるから、まぁプロというところかな」

「それにしても、すごい臭いだな、身体中臭くなって猫に追いかけられるんじゃないか」

スルメを試食しながら話は弾んだ。

その場に竹内安春もいた。竹内は、松本区長と同じ大谷の住人であるが、区長の協力が全く得られないなかで、事務局員の梅本と手分けして区内の取りまとめを行う一方、「守る会」幹事として活躍している。また竹内は、医療生協三穂田支部の運営委員として、支部の仕事をこまめにこなし、支部活動を支えている。この日も作業の中心的役割を果たし、ひと一倍の働きをしていた。しかし、竹内はその直後に倒れて入院生活を余儀なくされ、翌年一月に帰らぬ人となった。

スルメ販売は、十一月早々から始まった。

スルメは好評だった。膳部の山木あき子は、区内をくまなく訪問したが、殆んどの家で買い求め、激励してくれた。〝あき子ちゃんたちといっしょにできなくて……〟と、言っていた渋井区長の妻幸子も、気心の知れあうあき子の訴えに、快く応え、協力し、激励してくれた。

あき子は役員会には毎回出席し「守る会ニュース」の区内配布を引き受けて地道に活動してきた。あき子の真面目で誠実な人柄は区民から厚い信頼を集めている。スルメ販売で多くの世帯が協力してくれたのはそのあらわれである。

こうして、スルメの話題はたちまち町内に広がり、注文が相次いだ。結局三回にわたり業者に追加注文し、最終的には当初目標の二倍の売り上げとなった。

4 勝った！

「全面勝利だ」

十二月十九日、第二回公判の日を迎えた。

開廷前、二十五の傍聴席はすでに満席である。法廷に入れない四十人近くの傍聴者は裁判所前の広場で公判の結果を待っている。

マスコミ各社も駆けつけ、テレビカメラの列が裁判所に向かってスタンバイしている。

午後一時三十分、見米裁判長を先頭に三人の裁判官が入廷してきた。法廷には、張り詰めた空気が漂い静まり返っている。

「平成十八年（ワ）第二二四号」

書記官が事件番号を告げ、口頭弁論の開始である。

「原告、被告ともこの和解案でよろしいですか」

「結構です」

原告代理人広田と被告代理人石澤は、即座に和解案の受け入れを承諾した。

全面勝利和解（2006 年 12 月 19 日）を喜ぶ町民

見米裁判長が提示した和解案は次の通りである。

1、被告は、原告らに対し、別紙物件目録記載の土地につき、産業廃棄物最終処分場を将来に渡って建設しない。

2、原告らと被告は、本件が和解によって終了したことを確認する。

3、訴訟費用は各自の負担とする。

傍聴席から静けさを破ってどよめきと歓声が上がった。

完全勝利の瞬間である。

〈どんなことがあっても、みんなの前では冷静でなければ〉と心に決めていた吉川だったが、どうしても込み上げるものを抑えることができず、人目を忍んで目頭を押さえた。たたかいのなかでの初めての涙に〈俺もやっぱり〉と自分で苦笑した。

新人弁護士の尾形が法廷を飛び出し、裁判所前で結果を待ちわびる住民に「全面勝利」の垂れ幕を掲げ、勝利を告げた。

裁判所前は大きな歓声とともに、なりやまぬ拍手に包まれた。

法廷から裁判所前広場に戻った小田団長の手を広田と吉川が高々と持ち上げ勝利を宣言した。

原告団と弁護団を囲んで、六十人を超す傍聴参加者は手を取り合い、喜びを分かち合った。そのなかに一時、代表幹事を辞めたいと漏らしたことのある伊原の姿もあった。伊原は「よかった、よかった」と満面の笑みを浮かべて吉川の手を握った。

テレビカメラが回り、カメラフラッシュが焚かれ、記者たちが原告団や弁護団に駆け寄ってくる。裁判所前は取材ラッシュの場に変わった。

その片隅で静かにハンカチで目頭を押さえている女性がいた。久美の母親岩原和子である。和子の夫健司は、業者による現地説明会で処分場の危険性を具体的に指摘し、区民の先頭に立って設置に強く反対した。しかし、その翌年、健司は突然倒れこの世を去った。和子は健司の志を胸に、原告の一人としてたたかい、健司の無念を晴らしたのである。

業者に建設計画を完全に断念させたこの全面勝利の和解は、運動に立ち上がった住民一人ひとりがそれぞれの持ち場と条件を生かし、住民運動の原点から外れることなく、固く団結してたたかった証であり、間違いなく自分たちの手でもぎ取った勝利である。

「今日からゆっくり眠れます」

郡山中央公民館第一講義室、共同記者会見が始まろうとしている。テレビカメラが立ち並び、大勢の記者たちが待ち構えている。

小田原告団長、弁護団の広田、坂本、渡辺、丸山、「守る会」代表幹事の保科、事務局長の吉川が会見席に座った。一斉にテレビカメラが回り、フラッシュが焚かれた。

「……この裁判は住民側の全面勝利を持って終了しました。和解というのは足して二で割って中間で手を打つということが多いのですが……、本件では原告住民の要求の全てを認めた全面勝利であり、判決と同じ効力をもちます。第二に勝因ですが、以下の三点を指摘することができます。一つは、三穂田の住民が団結して住民運動の原則を守って反対運動を拡大したこと。二つ目にこの住民運動と専門家集団であるゴミ弁連が連携したこと。三つ目はゴミ企業の体制が整わないうちに、正面からたたかいをぶつけたことです。第三に今回の全面勝利の意義は非常に大きいということです。それは県内のゴミ紛争で住民側の全面勝利和解ははじめてのことであり、全国的にも殆んど例がありません。また、ゴミ紛争をたたかう県内の住民ばかりでなく、全国の住民に大きな励ましになることは間違いありません。住民の健康と生活環境を守るのは最終的には自覚的な住民運動です。三穂田の自然を破壊せんとするのは伸光産業だけではありません。今後とも住民運動の灯を高く掲げてふるさとを守っていただきたいと思います」

和解の内容と意義についての広田の報告である。

「これまで、枕元にゴミが積まれているようで、イライラの連続でした。今日の和解でほっとしています。今日からはゆっくり眠れます」

小田は晴れ晴れとした表情で感想を述べた。

会場で会見を見守っていた住民から期せずして拍手が起こった。

「守る会」は直ちに声明を発表した。声明は、関係方面並びに市民、県民に謝意を表しながら次のように結んでいる。

「……当会は、本日を新たな出発点とし、郡山の奥座敷・水源地であるこの貴重な自然の宝庫を守るために、そして豊かな緑と清流を守り、肥沃な安積平野をこのまま次世代に引き継ぐために、さらに運動を続けていく決意です。

同時に、日本のゴミ行政が海外の環境先進国といわれている国々が行っているようなゴミの資源化とリサイクルによる減量化をめざし、『焼却』『埋め立て』から脱却して産廃公害をなくす方向に抜本的に転換することを求めていきます。

今後とも引き続き当会の運動にご理解とご協力を賜りますよう心からお願い申し上げる次第です。

二〇〇六年十二月十九日

住民「世論取り込み勝利」——マスコミも解説

テレビ各局は夕方から夜のニュースでトップ扱いで、大きく取り上げた。

福島テレビは裁判所前で原告団と住民らが喜び合う姿や記者会見の模様などを放映しながら、「業者・建設を断念」「住民側は勝利宣言」などのテロップを流して、次のように報道した。

「今年六月、住民が郡山市三穂田町に計画されている産業廃棄物最終処分場の建設差し止めを求め提訴していましたが、業者は当初訴えを却下するよう求めるなど争う姿勢を示していました。しかし、裁判所の勧告によって和解に向けた協議が進められ、今日、業者が建設計画を断念し、建設をとりやめることで和解が成立しました。

産業廃棄物の最終処分場の建設計画が進められていた郡山市三穂田町は郡山の西部に位置しています。建設計画がもちあがったのは四年前の十一月のことでした。業者側が住民に説明会を開催したことで明らかになりました。その後、計画に反対する地元の住民グループが今年六月に計画のとりやめを求め提訴し、法廷の場でその是非は争われてきました。和解の成立を受けて原告団の弁護団は会見で次のように述べました。『……住民側の全面勝利をもって終了いたしました。和解というのは足して二で割って中間で手をうつというのが多いの

各紙で全面勝利を大きく取り上げる（2006年12月20、21日）

ですが……』

業者側は計画断念の理由につきまして住民の強い反対をあげています。このような産業廃棄物などの処分場の建設をめぐりましては、県内をはじめとしまして全国で同じような裁判が起されています。しかし、原告の主張が全面的に受け入れられる形での和解が成立するのは異例のことでして、今後ほかの裁判にどう影響するのか注目されます。」

翌日の新聞各紙も写真入り四段抜き見出しで大きく取り上げた。

全国紙の朝日、毎日も県内版トップで取り上げ、十二月二十一日に朝日は〝にゅーす・リポート〟と題して、次のように分析し、住民側の反対運動の内容と勝因などについて詳しく報道した。

「住民『世論取り込み勝利』・環境保護前面に……自然団体が協力（県自然保護協会）、プロ（ゴミ弁連）もサポート……」

5　いのち育む里山はいきいきと萌え

肌を刺す師走の風が今朝は爽快だ。周りの木々が風に揺られ、沢を下る水の音も清々しい。

朝日に向かって精一杯背伸びをし、澄んだ空気を胸いっぱい吸い込みながら見下ろす先には、何事もなかったように、里山が広がっている。和解から一夜明けた今朝の峠のいただきから見る太陽の光はことのほか眩しい。

この里山にいだかれたのどかな古里、この古里の安らぎを産廃業者は強引にもぎ取ろうとした。そして、市長は、業者に気兼ねして、住民との面会を拒否し、要請を聞こうともしなかった。この地を限りなく愛し、行政を信頼しきっていた純朴で働き者の村びとたちは、この二年間でたくましく賢くなった。順序立てた議論とはほど遠い行きつ戻りつの議論でも、みんなで話し合い、みんなで決めて、みんなで動くことを自分たち自身でつくりあげた。そして、市長にものを言い、業者に敢然と立ち向かい、自分たちには重荷過ぎると戸惑った裁判も見事にやりぬき勝利した。

今まで全く経験のなかったマスコミの取材にも冷静に対応できた。意識すると否とにかかわらず、この三穂田の地に生きる人々のなかには、確かなものと理不尽なものとを見極める洞察力が着実に生まれ育っている。

高旗山の山ふところに広がるこの里山が輝く初春を迎え、雪解け水がそのせせらぎの音を山々に響かせる春は遠くない。

虫たちが地の中から這い出し、鳥たちが空を舞い、さまざまな生き物たちが巣を作り、子育てを始めるころ、いのち育むこの里山はいきいきと萌えるであろう。

あとがき

全面勝利を手にしたその日、「守る会」は、「……豊かな緑と清流を守り、肥沃な安積平野をこのまま次世代に引き継ぐために、さらに運動を続けていく決意です……」との声明を発表して「会」の存続を確認した。それは、処分場建設を阻止したものの、勝利の喜びと安堵感から運動母体を解消し、無防備状態になった隙をつかれて、新たな建設を許した全国の例から学んで導き出した方針だった。

全面勝利和解からひと夏が過ぎた二〇〇八年の春、里山の水溜りに、トウホクサンショウウオがいつもの数倍もの産卵をした。モリアオガエルも前年の五倍を越える卵を産んだ。その上空をノスリのつがいが飛び交い、子育てを始めようとしている。

「守る会」は、活動の一環として現在も自然観察を行い、里山の生き物たちの観察を続けている。そして、役員会や定時総会を開催し、「守る会」ニュースも発行して、周りの動きや情報を町民に伝えている。また、「会」の結束を確認し、交流を深めるため、忘年会なども行い、「不穏な動きが出たら、直ちに立ち上がろう」と確認し合っている。

処分場の建設を阻止して一息つき、町内が冷静さを取り戻した時、衝撃的なうわさが広がった。「水と環境を守る会」の一人の役員が〝処分場ができたら、そこで働くつもりだった〟と発言したというのである。情報源をたどってみると、この発言はどうも事実のようである。運動のさなか、いくつかの不可解な動きや策動があり、その都度、「いのちと環境を守る会」は、警戒心をもって対応してきた。私たちが、住民運動の原点から基本的に外れることなく、大衆的な幅広い運動をつくりあげてきたことが、相手に隙を与えなかったことの重要性を、今あらためて痛感している。

こうしたうわさと並行して、町民のなかには「『いのちと環境を守る会』の運動がなかったら、今頃、処分場はつくられていただろう」との声が広がり、町民一丸となってたたかったことの意義に、あらためて確信を深めている。

この運動には多くの人たちが積極的に参加した。しかし、運動へのかかわりときっかけは、ひとそれぞれである。モリアオガエルの産卵場所を案内した人、狩猟の経験を生かし自然観察の山中案内を引き受けた人、野鳥観察場所を提供した人、共有林と処分場予定地の境界などの現地案内をした森林組合長、〝吉川が頑張っているのに〟と役員や事務局員を引き受けた同級生たちなど、多くの町民の運動にかかわった動機は、じつにさまざまである。その誰もが、最初から処分場の問題点を深く認識し、確かな反対意思をもって参加したわけではない。それぞれが何らかのきっかけで、運動と触れ合い、産廃問題への認識を高め、阻止運動に参加していったのである。私は、これらの事実を通して、あらためて、大衆運動の原点がなんであるかを再認識させせられた。

しかし、同時に〝吉川に利用されるな〟式の反共宣伝が流布されるなかで、それにひるまず、橋爪と柳内が、「このままではつくられてしまう」と、繰り返しわが家に足を運び、執拗に住民組織の立ち上げを迫り、情熱を燃やして動いた動機は何だったのか。三穂田町区長会三役にもかかわらず、実質的に区長会の衣替え組織である「水と環境を守る会」の枠を超えてまで動いたのはなぜか。私は、「いのちと環境を守る会」結成のあと、そのことを聞いたことがある。二人は「なぜそんなこと聞くんだい。つくられたら大変だからやっただけで、べつに、たいした理由はないよ」と答えながら、一方では「吉川さんや大沢君をはずしておいて、途中で運動をやめるのはおかしいと思った」とも話している。切実な要求の解決に立ち向かったとき、人は、まともなものと理不尽なものとを見極めて、立ち上がるのだということを、この二人の行動を通してあらためて実感した。

「このままでは、つくられてしまう」と二人は真剣だった。この二人の訴えと行動には多くの町民が共感を寄せた。そして、二人の呼びかけに応えてさまざまな人たちが立ち上がった。まともな運動やたたかいが、大衆的に広がろうとするとき、必ずといっていいくらい「アカ攻撃」が行われ、運動の分断が画策されることを、私は、過去に何回も経験している。今回の産廃処分場建設反対運動は、こうした「反共・アカ攻撃」を大衆的にはねのけるところから始まったことに特徴がある。そして、それは、その後の運動の広がりにたいする分断策動を許さない確かな力となった。

こうしたなかで、「守る会」事務局長を引き受けることになった私は、三十九年前の苦い経験を思い出しながら、〈この運動の始まりは大切にしなければならない。決して過ちが許されない〉と自分自身に言い聞かせた。それは、猛烈な「反共・アカ攻撃」による労働組合つぶしに正しく対応できず、多くの仲間との団結の絆を引き裂かれた苦しい経験をしているからである。

若干蛇足になるが、この私の三十九年間の足取りを自分なりに振り返って、産廃阻止運動にその経験がどう影響したのか、確かめておきたいと思う。

三十九年前の二十六歳のとき、私は、勤め先の地方銀行で労働組合の分裂を経験している。当時、私は、組合の執行委員として、銀行による組合つぶしの攻撃とたたかったが、私たちは、経験不足と学習不足から、この攻撃をはね返すことが出来なかった。銀行側の攻撃は言語に絶するもので、組合員の首切り、職場での村八分、仕事とり上げ、女子組合員への暴力団による脅迫、私に対する結婚四カ月目での夫婦別居配転など、銀行肝いりで結成した新組合への加入を拒む者には容赦のない仕打ちが加えられた。こうした攻撃は、常に「アカ攻撃」を伴って行われた。

労働組合は本来、生活と権利の向上をめざす要求で団結し、活動する組織である。銀行による激しい攻撃のなかで、私たちはこの原則を見失い、「攻撃をはねのけ、組織を守る活動」

へと運動の方向を矮小化していった。当時職場には、数々の要求や不満が渦巻いており、組合の要求運動は勢いを増していた。これを嫌った銀行が、大蔵省の後押しを受けて、組合の弱体化を狙って分裂攻撃を加えてきたのである。私たちが、組合員の要求や不満に目を向けるのではなく、〝団結なくして、働くものの幸せなし〟式の説得活動に終始してしまったことが最大の弱点だった。その結果、私たちは、その後、「少数組合」として、困難な活動を強いられた。

この組合活動を通じて、私は、地域の労働団体や民主団体などに参加するようになり、その責任者なども務めてきた。そして、この苦い経験から、〝大衆運動の原点は要求にあり〟を念頭に活動してきたつもりである。しかし、時おり、相手の立場や条件を考えずに「意義」や「建前」をかざして運動への参加を説得し、失敗したことも多かった。

こうした経験を踏まえ、処分場阻止運動の始まりに〝みんなで話し合い、みんなで決めて、みんなで動く。一人で二十歩、三十歩進むのではなく、二十人、三十人で一歩づつ出よう〟と提案をした。そして、その方針をそれなりに貫く努力をしてきたが、やはり、いくつかの場面で、自らの考えを押し付けてしまったことは否めない。しかし、運動の発展段階での重要な局面では、責任ある決断が必要になることもまた欠かせないことと考えている。これらの考え方や行動は、私の長年の実践経験から生まれたもので、読者から見れば、いろいろご意見やご批判のあるところかもしれない。

約二年間にわたる運動で、私たちが特に重視した「『守る会』の民主的運営」は、「会」の団結と運動前進の土台となった。月一回ペースで行われる役員会の内容は「役員会での協議と確認」として、全役員に文書報告をし、重要な動きや情報、活動内容などは、「守る会ニュース」で全町民にも知らせた。年次総会も全町民に参加を呼びかけ、会計報告は勿論、募金や財政活動の内容も詳細に報告した。また、行動計画や活動の具体化などについては、必ず役員会で協議し、その確認に基づいて取り組んだ。事務局長や一部幹部などの独断専行は厳に戒めてきた。そして、処分場建設阻止の一点で足並みをそろえ、色分けすることなく誰でもが運動に参加出来ることを広く呼びかけてきた。これらのことは、住民運動の初歩的な原則であって、当然といえば当然であるが、具体的に実行するにはかなりの努力を必要とすることである。「水と環境を守る会」が、こうした取り組みを殆んど行わなかったことを考えれば、初歩的な原則とはいうものの、よく粘り強くやり通してきたと、いま、あらためて思っている。

「このような会は、最初は集まるが、回を重ねるごとにだんだん集まらなくなるもんだ。しかし、この会は回を追うごとに、集まる役員がだんだん増えてくるんだから、たいしたもんだ。やはり、頼まれ仕事でなく、自分らで決めて動いてるからちがうのかな」

たたかいが大詰めを迎えた頃、植木が私に語った一言である。

役員会はいつも夜七時からである。いつもなら、仕事も一段落して、晩酌の時間である。

しかし、誰一人、酒の臭いをする者はいない。そして、本音で真剣な議論をする。植木の一言以来、私は、あまり気にもとめていなかった役員たちの意気込みをひしひしと感じるようになり、一段と信頼感を深めていった。

また、「守る会」の結成時には、「会」と運動に政治的主張を持ち込まず、各自の政党支持、政治活動の自由を、お互いに認め合うことを申し合わせた。折りしも、「守る会」結成日の二〇〇五年（平成十七年）三月二十九日は、郡山市長選終盤戦のまっただ中で、有力候補四人がしのぎを削っている時期であった。「守る会」役員の多くは、それぞれ、支持候補の活動を行っている状況にあったが、そのことは、「守る会」運動に一切影響しなかった。この申し合わせが具体的な選挙選のなかで完全に生かせたことは、その後、政治的な立場や思惑で不団結を生じさせることのない貴重な経験となった。

ところで、私たちが「守る会」を存続させたのは、産廃業者の新たな計画や策動を許さず、いかなる事態にも即応できる体制を維持するためだった。この方針が正しかったことが、いま、明らかになろうとしている。新たな産廃処理施設建設の計画と思われる水面下の動きが出てきたのである。

この春先から、懸念される幾つかの情報が私の元に寄せられてきた。一つは、郡山市内の食糧を扱う会社の不動産部幹部が「守る会」関係者宅を訪れて、「産業廃棄物の中間処理施設をつくりたい」と話している。しかも、そこには郡山市環境衛生部の元幹部が同席していたという。また、埼玉のセラミック製品製造関連会社が、芦ノ口地内の山林約七、五〇〇平方メートルを取得していることが判明した。そして、この埼玉の会社の依頼を受けたとして県内白河市の産廃業者が、芦ノ口区長に当該山林の立ち木伐採の計画を通告してきた。これらの動きとは別に、深田ダムに隣接する山林には、境杭が打たれ、境杭に沿って立ち木にテープが巻かれており、測量をした形跡が歴然としている。この境杭を挟んだ北側一帯は前述の食糧会社関係者の所有で、その南側の広大な山林は東京の企業の所有地である。

これらの情報は、すべて地元一般住民からのものである。もし、あの町民ぐるみの処分場建設反対運動がなかったなら、こうした情報は入ってこなかったかもしれない。ちょっとした不可解な動きにも機敏に反応するこうした町民の姿勢が、あらたな策動を許さない基本的なちからになることは間違いない。

「守る会」では、ただちに役員会を開き、〝動きが表面化する前に先手を打とう〟との確認をし、「守る会」ニュースで、これらの動きを全町民に知らせた。同時に山林を取得した埼玉の企業と郡山市内の近隣山林所有者二人に産廃処理施設などの設置や協力を行わないよう申し入れた。申し入れを行った市内の所有者は、どちらも食を扱う企業の役員のため、申し入れ書には、「……貴方様の所有する山林一帯は……まれにみる豊かな自然の宝庫であり、郡山市の貴重な水源地です。さらに、下流域一帯は、三穂田町民の神聖な生活圏です。同時に肥沃な穀倉地である安積平野が広がっています。……二十一世紀は、環境と食料、エネルギーの三つが最大のテーマといわれています。……つきましては……産廃処理施設などの設置を行わないようお願いする次第です」として、企業の社会的使命を果たすよう要請した。面談に応じた二人とも申し入れの趣旨を理解し、要請受け入れの約束をした。

私たちはいま、郡山市の水と緑の源であるこの地一帯を水源保護条例指定地とすることなど、自然環境の保全地区にする運動に取り組み始めている。

環境を守る運動に終わりはない。だから、ゆるやかな歩みであっても、着実に、しかも、途絶えることのない一歩一歩が求められている。運動は受身ではなく、前向きでなければならない。そして、自然の破壊を目論む者には、いつでも立ち向かえる力を蓄え、たたかう体制をつくっておかなければならない。いま私は、そのことを胸に、あらたな決意を固めている。

最後に、本書の発刊にあたり、貴重なアドバイスとご指導、お力添えを頂いた広田次男弁護士と伊藤宏之福島大学教授に心から感謝を申し上げるとともに、発刊の段取りにご尽力いただいた「とやの福祉会」専務理事の根本昭三氏、(株)ランドハウス社長後藤孝一氏にも感謝したい。そして、快く取材に応じてくれた「守る会」役員や町民の方々にもあらためて感謝する次第である。

吉川　一男（よしかわ　かずお）

1940年　福島県郡山市生まれ
1959年　福島県立郡山商業高校卒
1959年　大東相互銀行入行（現大東銀行）
同行従業員組合中央執行委員長歴任
以後、郡山地方労働組合総連合議長、
国立郡山病院を守る会代表世話人
などを歴任

現　在　産廃処分場建設に反対し　いのちと環境を守る会事務局長
日本国民救援会福島県本部副会長・同郡山支部長
新日本教育書道院主幹

いのち育む
里山は萌え――産廃処分場建設反対運動の記録

2008年10月25日　第1刷発行

著　者　　吉　川　一　男
発行者　　片　倉　和　夫

発行所　株式会社　八《はっ》　朔《さく》　社《しゃ》
東京都新宿区神楽坂2-19　銀鈴会館内
〒162-0825 振替口座 00120-0-111135番
Tel. 03(3235)1553　Fax. 03(3235)5910

印刷・製本　藤原印刷

ISBN978-4-86014-040-3